中华粮食文化教育读本

崔志远

刘辰雨　卢胜志◎著

古文中的粮食文化

品文論糧

中国轻工业出版社

序

粮食是人类生存和社会繁衍生息最基本的物质。在百万年的人类史、一万年的文化史、五千多年的文明史中，粮食始终处于不可或缺的地位。沧海桑田，粮继大业。中华粮食文化悠久绵长、博大精深，既是中华优秀传统文化的有机组成部分，又在现代文明建设中焕发出新的勃勃生机。

自古以来，"民以食为天"的粮食信仰、"贵粟重储、积谷防饥"的治国方略、"耕三余一、平粜齐物、以丰补歉"的储备思想、"不违农时、颗粒归仓"的劳动智慧、"宁流千滴汗，不坏一粒粮"的奉献精神、"一粥一饭当思来之不易"的节俭美德，共同构成了中华粮食文化的丰富内涵，代代流传，绵延不绝，滋养着华夏土地上的每一个心灵。岁月不居，春耕冬藏，根植于中华民族千百年生产生活中的粮食文化，充分彰显了中华文明的连续性、创新性、统一性、包容性、和平性等突出特性，具有世界范围的文明价值。

我国最早的诗歌总集《诗经》里就有"不能艺黍稷。父母何食？"的诗句。意思是说，如果不能劳苦耕作种植五谷粮食，家中的父母儿女何以为食。深入研究挖掘解读中国历史上有关描写粮食生产、劳作、储备、节约的文字，对于弘扬粮食文化具有独特的意义，也非常有助于当代中国社会理解和传承这些优秀文化。

2023年9月，我因工作关系，到位于黄海之滨的山东烟台市出差。在山东商务职业学院校园的青年湖畔，崔志远老师向我讲述他对中华粮食文化的研究心得，视角独特，见解深刻，娓娓道来，引人入胜。他多年来致力于粮食文化的研究和传播，身上流淌的浓浓粮食情怀给我留下了深刻印象。

志远老师注重挖掘和梳理粮食文化相关古典文献，从汉字、古诗和古文的角度来解读中华粮食文化，精心研究编写《解字说粮：汉字中的粮食文化》《咏诗诵粮：古诗中的粮食文化》《品文论粮：古文中的粮食文化》三部著作，系统展现我国传统社会粮食制度、思想、礼仪、风俗习惯等内容，还阐发自己对粮食的思考与感悟。他通过选取与粮食相关的诗词名句、古籍文章以及古文字，追根溯源，旁征博引，勾勒出鲜活的历史场景，讲述了一个个生动的粮食故事。这些成果角度新颖、内容丰富、生动活泼、自成体系，具有很好的创新性、思想性和可读性，是对中华粮食文化研究传播的有益探索，很有价值。欣闻三部作品拟作为"中华粮食文化教育读本"系列陆续出版，我感到由衷高兴，表示热烈祝贺！

志远老师所服务的山东商务职业学院是国家粮食安全宣传教育基地。我们漫步在校园里，可以看到到处是精心陈设的弘扬粮食文化的雕塑群、文化墙和主题公园，能够感受到学校特色粮食课程和粮食主题校园活动的浓厚文化氛围，彰显着该校"因粮而生、为粮而办、向粮而进"的文化基因。

追溯山东商务职业学院的历史，1975年成立的山东省烟台粮食学校正是她的母本。该校一直致力于粮食人才的培养和粮食文化的研究传播，校友逾十万，服务于齐鲁大地和全国各地粮食战线，可谓"桃李满天下，春晖遍四方。"在这样一所有着优良传统的学校里，学习生活着一大批为传承粮食文化和粮食储藏检验加工等技艺而孜孜以求、躬耕不辍的师生。我们相信：未来这里将走出更多技术能手、大国工匠，他们都将成为守住、管好"天下粮仓"的国家栋梁。

"喜看稻菽千层浪，遍地英雄下夕烟。"希望系列读本能够成为一张文化名片，让更多人了解广博深厚的中华粮食文化和蓬勃发展的粮食职业教育，汇聚起更多更大的合力，共同为保障国家粮食安全、推进强国建设贡献智慧和力量。

是为序。

李福君

2024年9月5日

前言

中华文明的根系深植于农耕文明的沃土，而粮食作为文明存续的物质基础，早已超越物态范畴成为政治伦理、社会秩序与文化认同的根基，繁衍出一条贯穿古今的"大国粮脉"。

在当今社会，粮食安全仍然是"国之大者"。从"藏粮于地、藏粮于技"的国家战略到"厉行节约、反对浪费"的社会倡导，现代中国对粮食问题的思考，始终延续着传统智慧。加强对中华传统粮食文化的梳理、研究和解读，不仅是对历史经验的传承，更是在全球粮农治理挑战中筑牢文化自信的必然选择。

古文，正是粮脉传承的重要载体。那些散落在古籍里的粮事叙述，不仅是稼穑劳作的实录，更是中华文明应对生存挑战的精神源泉。当我们通过深悟古文，并且能在实践中不断从"政在养民"的古训中汲取民本思想，从"九年之蓄"的祖规中树牢危机意识时，优秀传统文化便在现实土壤中完成了创造性转化、创新性发展——这正是本书立足古文、观照当下的初心所在。

本书从古文视角研究解读粮食文化，精选40则纵跨先秦至明清的古文片段，涵盖了经、史、子、集等不同类别，分设四个章节阐释粮食文化的多元内涵。

第一章"民以食为天"精选的10则古文片段，是从《史记》"王者以民人为天，而民人以食为天"的论断出发，系统展现粮食在国计民生中的基石作用。《尚书·益稷》记载大禹与后稷为实现"烝民乃粒"目标而付出的努力，勾勒出早期以农求生、以粮安邦的智慧；《尚书·大禹谟》提出"德惟善政，政在养民"，将粮食供给纳入德政体系；《礼记·月令》对"农事备收"的记载，展现了周代粮食仓储的制度性规范；《论语·颜渊》中孔子弟子有若"百姓足，君孰与不足"的言论，揭示了"藏富于民"的民本内核；《孟子·梁惠王章句上》中"乐岁终身饱"的民生理想、《管子·牧民》中"仓廪实而知礼节"的"物质基础论"，将粮食安全与社会文明关联；《墨子·七患》以"馑、旱、凶、匮、饥"的分级标准，凸显农耕社会对粮食危机的认知水平；《国语·周语上》强调"夫民之大事在农"，将农业视为祭祀、繁衍、财用的本源；《商君书·农战》把粮食生产与军事战略结合，形成"农战合一"的治国方略；《汉书·赵充国辛庆忌传》中赵充国"万人留田"的屯田政策，将粮食安全延伸至边疆治理，展现了宏观视野下的粮食战略。

  农业生产是人与自然对话的艺术，古人在与土地的长期互动中形成了"尽地力之教"的认识与方法。本书第二章收录的古文片段，展现了先民以人力统筹天时、地利等自然要素，进而发展农业的精妙智慧。《周易·系辞下》记载神农氏"斫木为耜，揉木为耒"，将农具发明视为社会进步的标志；《荀子·王制》中"春耕、夏耘、秋收、冬藏不失时"的农时观，与《吕氏春秋·士容论·审时》中"为之者人，生之者地，养之者天"的"三才"理论，构建了"顺天应人"的耕作哲学；"躬耕帝籍"的礼仪传统在《吕氏春秋·孟春纪》中可见一斑，彰显了君王的重农意识与示范作用；晁错在《论贵粟疏》中有"入粟拜爵"的政策设计，通过将粮食与爵位、刑罚挂钩，激发民间生产积极性；王符《潜夫论·爱日》中"日力建功"的论述，强调劳动时间对农业产出的决定性作用；李安世《均田疏》中"均量土地"的主张、苏绰"六条诏书"中"劝课有方"的吏治要求，将生产激励落实到土地分配与官员考核中；颜之推在《颜氏家训·涉务》中对"几涉入仓"的描述，通过耕种、薅锄、簸扬等工序道尽了粮食生产的艰辛；徐光启在《广群芳谱·甘薯疏序》中记载了研究推广甘薯的过程，展现了农作物传播对粮食安全的突破性意义。

  中国古代粮食储备和调控制度的先进性、完备性，堪称世界文明史上的典范。居安思危、未雨绸缪、运筹帷幄的智慧在第三章"储积备乏之绝"中得到系统呈现。《礼记·王制》提出"九年之蓄"的标准，构建起古代社会保障的物质基础；《管子·轻重乙》中对"粟重而万物轻"的价格规律认知，催生了"重粟之价"的市场调节政策;《吴越春秋·勾践归国外传》记载的"蒸粟灭吴"典故,强调了粮食在邦交博弈中的关键作用,从反面印证了种源安全的重要性;《史记·货殖列传》记录了计然通过市场调节平衡供需的"平粜齐物"思想,极具现代价值;贾谊在《论积贮疏》中提出"积贮者,天下之大命也"的警示,将储备上升至国家命脉高度;《隋书·长孙平传》记载的"义仓"制度,通过"民间每秋家出粟麦"的模式,实现了基层备荒储备;唐代"互市交易"的开放政策、宋代吕祖谦的备荒分级理论、明代高拱主张的"海运漕运并运"物流体系、清代乾隆"留心筹划"的丰稔期储备策略,共同构成了我国古代粮食流通的全面图景。

  粮食分配体现着一个文明的价值底色。"仁者爱人"的理念为古代粮食治理奠定了民生基调,体现在第四章"节用而爱人"中。《尚书·无逸》告诫"君子所其无逸",要求执政者体察"稼穑之艰难",避免奢靡浪费;《尚书·酒诰》中"惟土物爱"的训诫,将珍惜粮食与道德修养挂钩;《礼记·大学》提出"生之者众,食之者寡"的财富创造原则,至今仍具启示意义;《周礼·地官司徒·大司徒》系统介绍了散利、薄征、缓刑等"荒政十二法"救灾措施,体现"聚万民"的人文关怀;《淮南子·诠言训》中"节欲省事"的治国逻辑,将"勿夺农时"措施与"反性去载"的哲学思想相连;《晋书·陶侃列传》记载陶侃"执鞭戏稻"的典故,彰显官吏对粮食的敬畏;还有齐武帝"申至秋登"的赋税延迟政策、唐太宗"躬务俭约"的君王劝农感召,均体现出"以民为本"的施政理念;而李参"青苗钱"的制度创新、朱棣"必罪不宥"的禁奢令,则通过政策与法治手段,确保粮食资源的合理分配。

  对于本书节选的40则古文片段,我们既注重史实叙述的真实性,也兼顾政论阐发与文学表达的代表性,力求在字里行间还原古代粮安天下、食为政首的实践智慧。当我们拂去古文献上的历史尘埃时,会发现先人面对的粮食挑战——从自然灾荒到市场波动，从生产效率到分配公平，从乱中救急到长远谋划——与当下我们要应对的重大问题何其相似！在全球粮食安全形势严峻复杂的今天，传统粮食文化中的民本思想、重农传统、节粮美德、忧患意识、调控理念、劝农之道、创新之法、储备规划、救荒举措等，正以新的形式融入现代粮农治理体系，使粮食文化的千年脉络永续传承，生生不息！

  愿本书能成为一扇窗口，让我们在字里行间感受"粮安天下"的万钧重量，携手探索粮食历史，守护文明未来；传承千年粮心，汲取前行力量——展现时代新人在现代强国建设中的责任与担当！

崔志远

目录

民以食为天

- 烝民乃粒 / 013
- 政在养民 / 017
- 农事备收 / 021
- 百姓用足 / 025
- 乐岁身饱 / 029
- 守在仓廪 / 033
- 民之所仰 / 037
- 大事在农 / 041
- 农战而安 / 045
- 万人留田 / 049

尽地力之教

- 耒耜之利 / 055
- 五谷不绝 / 059
- 为之者人 / 063
- 躬耕帝籍 / 067
- 粟为赏罚 / 071
- 日力建功 / 075
- 民获资生 / 079
- 劝课有方 / 083
- 几涉入仓 / 087
- 种之甘薯 / 091

储积备之绝

九年之蓄 / 097
重粟之价 / 101
粟种无生 / 105
平粜齐物 / 109
积足人乐 / 113
储之闾巷 / 117
互市交易 / 121
预备之政 / 125
海运既通 / 129
留心筹划 / 133

节用而爱人

君子无逸 / 139
惟土物爱 / 143
生财大道 / 147
荒政聚民 / 151
节欲省事 / 155
执鞭戏稻 / 159
申至秋登 / 163
躬务俭约 / 167
先贷以钱 / 171
必罪不宥 / 175

附录 本书主要思想相关人物简介 / 178
参考文献 / 191
后记 / 193

民以食为天

知天之天者,王事可成;
不知天之天者,王事不可成。
王者以民人为天,而民人以食为天。

——《史记·郦生陆贾列传》(节选)

万人留田	农战而安	大事在农	民之所仰	守在仓廪	乐岁身饱	百姓用足	农事备收	政在养民	烝民乃粒
049	045	041	037	033	029	025	021	017	013

殺曰鮮與益稷木獸鳥獸民以進食予決九川距四海
濬畎澮距川傳距至也決九州名川通之至海一畝之
閒廣尺深尺曰畎方百里之閒廣二尋深二仞曰澮澮
畎深之至川亦入海暨稷播奏庶艱食鮮食傳艱難也
眾難得食處則與稷教民播種之決川有魚鼈使民鮮
食之懋遷有無化居傳化易也居謂所宜居積者勸勉
天下徙有之無魚鹽徙山林木徙川澤交易其所居積
烝民乃粒萬邦作乂傳米食曰粒言天下由此為治本

《尚書》
（欽定四庫全書本）

烝民乃粒

暨[1]稷播，奏[2]庶[3]艰食鲜食[4]。
懋[5]迁有无，化居[6]。
烝民[7]乃粒[8]，万邦作乂[9]。

——《尚书·益稷》（节选）

小麦（明·文俶《金石昆虫草木状》）

| 译文 | （大禹）与后稷一起带领大家播种百谷，送给老百姓粮食和鸟兽肉。同时还鼓励百姓互通有无，将自己家里多余的东西拿出来交换。于是百姓生活安定下来，各部落也得到了治理。 |

1 暨：和，与。 2 奏：提供。 3 庶：表示众多。 4 艰食：《释名》："艰，根也。"艰食，指根生植物，又即百谷。 鲜食：指新鲜的食物，鸟兽肉。 5 懋（mào）：通"贸"，贸易。 6 化居：《史记·夏本纪》作"徙居"，即迁移居积的货物。 化：同"货"。 7 烝民：百姓。 烝：众多。 8 粒：通"立"，安定。 9 乂（yì）：治理。

从蒙昧初始的茹毛饮血，到渐趋文明的刀耕火种，人类能拥有稳定的食物来源，过上规律的定居生活，都要归功于农业的出现。

农业不仅改变了人类获取食物的途径，更重塑了人类的生活方式，为社会的前行筑牢了坚固基石，其意义跨越时代。

我国农业的起源可追溯至约一万年前。历经岁月的浸养，耕作技术和粮安智慧在广袤无垠的华夏大地上扎根生长、繁荣兴盛，最终孕育出源远流长的中华传统农耕文明。在这漫长的演进历程中，大禹、后稷等先驱立下了卓越功勋。

《尚书·益稷》翔实记录了帝舜与大禹、皋陶等贤臣的对话，涵盖治国理政方略、道德规范准则、民生福祉关切等众多方面，彰显了古代圣贤对安邦养民的深度思考与不懈探索。尤其值得关注的是，文中提到了大禹与后稷携手合作，致力于探究粮食的生产与推广，以此改善民生，映射出保障粮食安全的初愿与使命。

远古时期，生产力水平低下，人们的生存充斥着不确定性，食物短缺的危机如影随形。在风雨岁月里，人们逐步认识到粮食是安稳生活的重要保障，于是开始摸索粮食种植。此后，如何提高粮食产量、保证充足供应以及达成有效分配，成为迫切且永恒的话题。

大禹成功治理水患、平定九州，为百姓营造了有利的生活环境。在此基础上，后稷凭借对自然的敏锐洞察和不懈的实践摸索，掌握了一套先进的作物种植技术，如精选良种、科学施肥、适时播种等。他们的辛勤耕耘促使农作物的产量大幅提升，为百姓提供了相对稳定的食物保障。不仅如此，原始的狩猎方式也一直持续，后稷与大禹还为百姓供应新鲜的鸟兽肉食，进一步扩大了人们的饮食供给。

当食物充足且有了剩余，交换的条件便应运而生。身为部落首领的大禹，目光长远，从整体利益考量，意识到粮食分配的重要性。部落成员的生活状况各异，需求也不尽相同。通过将自身多余的物资进行交换，获取所需之物，能够提升部落成员的生活品质。大禹提倡民众开展贸易往来，鼓励物资交换，推动了文化的交融与借鉴。

大禹与后稷，创造了"烝民粒，万邦乂"的美好生活图景，为后世君王树立了光辉典范。他们是农耕文明的开拓者，奠定了以农立国的坚实基础。将农业视为民生之本的"重农思想",在我国历史长河中始终占据关键地位,历代贤明君王都依循此施行了一系列鼓励农业生产的举措,使我国成为世界上独一无二的农业古国、粮食大国,对我国社会的发展产生了深远影响,也深刻塑造了中华文化的优良传统。他们是关注民生的践行者,孕育了民为邦本的治国理念。"民惟邦本,本固邦宁"(《尚书·五子之歌》),君王的首要职责,便是固国安邦,守土化民。能否让百姓吃得饱、穿得暖,成为评判君王治国理政水平高低的关键依据。大禹与后稷的民本思想长久塑造了古代君王的仁德之心和忧民之情。他们还是促进贸易的倡导者,开拓了经济生活的广阔天地。正是在大禹与后稷的倡导下,人们互通有无、合理调配,使得物资高效流通,对经济交流和文化融合影响深远。

《尚书·益稷》一文,全方位展现了大禹与后稷的思想与作为。可以说,后世采取的各种保障粮食生产和供应的措施,如注重粮食储备、调节物价、打击囤积居奇等,都可以从中找到源头。

粮话
——
回顾历史,先王、先贤的智慧与功绩熠熠生辉,为社会进步书写了壮丽的篇章;展望未来,更要赓续传统,保障国家粮食安全,让农耕文明在新时代绽放更加绚烂的光彩。

《尚书》
（钦定四库全书本）

政在养民

德惟[1]善政,政在养民。
水、火、金、木、土、谷,惟修[2];
正德、利用、厚生,惟和。
九功惟叙[3],九叙惟歌。

——《尚书·大禹谟》(节选)

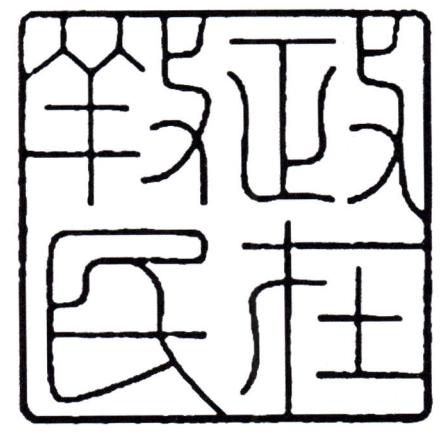

乾隆"政在养民"印章(故宫博物院藏)

译文

德政才是好的政治,好的政治在于使百姓生活得好。水、火、金、木、土、谷,"六府"都要整治好;端正人的品行、发展生产和贸易、使人们拥有丰厚的生活资料,这"三事"都办好,百姓就和睦了。九个方面的工作井井有条了,百姓便会歌颂。

1 **惟**:语气词,表判断。 2 **修**:治,管理。 3 **叙**:通"序",理顺,有序。

中国历史的漫漫长夜，从三皇五帝时代开始出现了曙光。

距今5000年至4100年，司马迁笔下的黄帝、颛顼、帝喾、尧、舜、禹等中华文明的先祖，陆续登上历史舞台。自尧的时代起，国家的雏形开始显现，不同地区、不同族群打破地域与文化的界限，逐渐融合成为一个共同体，开创了崭新的政治社会形态。

然而，究竟什么才是政治？又该如何去治理国家？先王、先贤在不懈地探索着，努力寻找着答案。

《尚书·大禹谟》记载了帝舜与大禹、伯益、皋陶等贤臣关于治国理政的讨论。大禹提出，治国的根本在于施行善政，善政的核心是君王有德，有德的表现为能养百姓。能养百姓，首先就是解决粮食问题。

"德惟善政"开宗明义，强调了德行在善政中的核心地位。在古代社会，君王的德行被人们看作是国家稳定、人民幸福的关键。只有那些拥有高尚德行的君王，才能够推行善政，关怀爱护百姓，为百姓谋取幸福和福利。

"政在养民"进一步明确了善政的具体目标，即时刻关注百姓的生活需求，为百姓提供最基本的生活保障。在古代社会经济中，农业占据主导地位，粮食生产毫无疑问是百姓赖以生存的基础。因此，养民的首要任务必然是确保粮食的充足供应。

要实施善政，实现养民的目标，就要做好"九功"，即"六府、三事"。

"六府"指的是六种基本物质——水、火、金、木、土、谷。水、火、金、木、土是自然界中与人类关系密切的基础元素。水是生命的源头，人类离开水就无从谈起；火能够提供温暖，并且能用于烹饪食物；金、木、土则是建筑材料和农业生产的重要基础。这五种物质后来逐渐演变成了"五行"，成为中国传统哲学的核心概念。而谷代表着粮食，与水、火、金、木、土相并列，着重强调了粮食生产的极端重要性。因此，重视粮食生产成为古代圣王治国理政当中的一项核心任务。在这六方面做到"惟修"，政治就有了基本保障。

"三事"指的是三种治国的原则——正德、利用、厚生。正德，端正品德，着重强调君王应当具备高尚的品德和风尚，率先垂范，引领社会形成谦、恭、仁、敬、孝、俭的潮流。利用，即合理利用资源，强调要对自然界的物质进行合理的开发和利用，以满足人们生存发展的需求。厚生，旨在丰富百姓的生活，强调要持续不断地提高人们的生活水平。"惟和"则重点强调了这三种原则的和谐统一。正德是基础，君王推行善政，为百姓谋取福利。利用是手段，通过合理利用资源提高生产效率。厚生是目标，实现国家的长治久安以及人民的幸福安康。这三种原则相互关联、彼此依存、缺一不可。三者和谐统一，国家才能走向繁荣昌盛。如果以上"九功"能得到合理恰当的安排，有条不紊地推进，这便是"惟叙"。而当它们得以圆满完成的时候，人们将给予歌颂，由衷地表达对善政的赞美。

《尚书·大禹谟》作为我国早期有关国家治理的珍贵文献，其思想内涵丰富且深邃，对后世产生了重要影响。治国理政应当将君王美德放在首位，密切关注民生，合理利用各类资源，努力实现各项事务的协调发展。这样，社会和谐发展、百姓安居乐业的政治理想，才能真正成为人们的生活常态。

粮话

君王之德体现于善政，善政之要在于养民，而实现养民则须理好民生之事。"九功"顺遂，那么人们就会歌之颂之。这就是治国理政之大道。

民以食为天

藏無有宣出
務內謂專務收歛諸物於內會合也合天地閉藏之
令也宣出則悖時令
乃命冢宰農事備收舉五穀之要藏帝籍之收於神倉
祗敬必飭
農事備收百穀皆歛也要者租賦所入之數籍田所
收歸之神倉將以供粢盛也祗謂護其事敬謂一其
心飭謂致其力也
穀梨方氏曰仲秋言趣民收歛然猶未備也至此始言備收為農事

《礼记》
（钦定四库全书本）

农事备收

乃命冢宰[1],农事备收,
举五谷之要[2],藏帝籍之收于神仓[3],
祗敬必饬[4]。

——《礼记·月令》(节选)

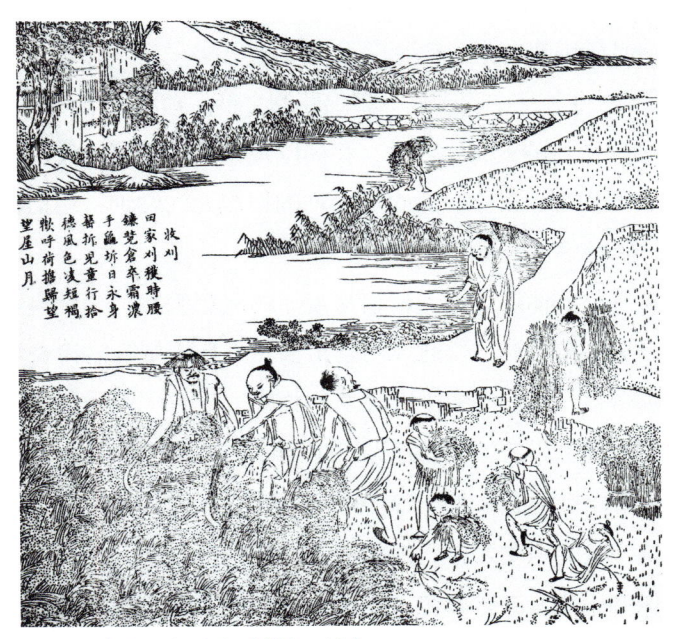

收刈图(清·焦秉贞《耕织图》)

> **译文**
>
> 于是命令太宰,在农作物全部收获之后,要将谷物的数量记录在簿籍上,把天子籍田的谷物收藏于神仓,毕恭毕敬,有条不紊。

---

1 冢宰:也称"太宰",是周代的官名,为六卿之首。 2 要:统计之簿籍。 3 神仓:储存籍田收获的、祭祀所用谷物的仓库。 4 祗(zhī):恭敬。 饬(chì):整顿,使有条理。

"人法地,地法天,天法道,道法自然"(《道德经》),人类活动的根本依托是大自然。

先秦时,农业生产技术相对落后,人们对自然的依赖程度高,因此对天文、气象、物候等自然现象的观察和研究非常重视,常常成为国家政事的重点。

古人在生产劳作的实践探索中,历经无数次的尝试与挫折,逐渐揭开了大自然神秘的面纱,发现并掌握了其深藏的奥秘。他们通过观察日月星辰的运行、风雨雷电的变化、动植物的生长周期等,积累了丰富的经验,并将其运用到农业生产中。

《礼记·月令》是中国古代一篇重要的文献。它以一年12个月为序,详细记载了每个月的天文、气象、物候以及相应的祭祀礼仪、政治活动和农业生产等内容。其中,对农业生产的记载尤为详细,包括耕种、施肥、灌溉、收获等各个环节。

这一文献充分体现了古人对自然规律的深刻洞察与顺应自然的生活智慧,具有重要的历史、文化和科学价值,为后人了解古代农业生产提供了宝贵的资料。郑玄在《礼记目录》中说:"名曰'月令'者,以其纪十二月政之所行也。"这12个月记录的内容,不仅包含农业生产的技术经验,更可以看作是君王从大自然中获取到的治国法则。

粮食是国家的重中之重。古代君王会亲自参与祈谷的祭祀活动,向神灵祈求风调雨顺、五谷丰登。在仪式中,用丰盛的粮食祭品来供奉祖先,显示对神灵和祖先的敬重。古代君王也常常会通过亲耕等方式来传递对粮食的珍视,从而对官员和民众起到良好的示范与激励作用。

每逢秋季粮食丰收之际,君王格外关注粮食的收获情况。他会下达命令让官员肩负起重大责任,确保秋收能够顺利有序地进行。太宰则需组织协调各级官员和百姓,将收获的粮食仔细清点数量,逐一登记入册。君王亲自参与农耕所获得的劳动成果,对于国家的五谷丰登而言,具有美好的寓意,因此要给予特别的关注,必须恭恭敬敬地存放于神仓之中。在古代社会,君王被视为天帝之子,拥有至高无上的权力。君王亲耕不仅是一种示范行为,更是一种意义深远的象征,代表着天子对农业的深切重视和对百姓的殷切关怀。将君王亲耕的收获谨慎对待、有条不紊地收藏于神仓,赋予了这些粮食特殊的意义,也进一步强化了君王的权威,提高了粮食的地位。

然而,君王权威是上天赋予的。即便是地位尊崇、权倾天下的君王,也必须保持对上天、对自然、对粮食的敬畏。明君、贤臣在制定和实施政策的时候,不会忽略尊重自然、顺应自然的原则,而是致力于保护生态环境,力求实现可持续发展。在这样的示范引领之下,官员、百姓自然而然会培养出珍惜粮食、勤俭节约的优良美德。而这一切,无疑都是国家粮食安全的坚实保障。

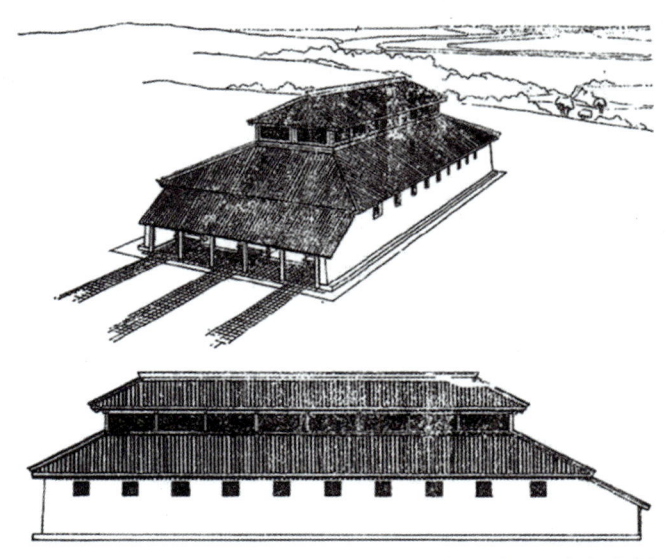

西汉京师仓一号仓复原图(陕西省考古研究所《西汉京师仓》)

粮话——

永怀恭敬之心和感恩之情对待每一份劳动所得,尊重自然的馈赠,遵循秩序与规则,倡导勤俭节约之风,让收获妥善安放,让生活富足安宁。

也皮去毛曰鞹言君子野人異者質文不同故也虎豹
與犬羊別者正以毛文與耳今若文猶質質猶文使文
質同者則君子與鄭夫何以別乎如虎豹之皮去其毛
文以為之鞹與犬羊之鞹同處何以別虎豹之與犬羊也
哀公問於有若曰年饑用不足如之何有若對曰盍徹
乎注鄭曰盍何不也周法什一而稅謂之徹徹通也為
天下之通法曰二吾猶不足如之何其徹也注孔曰二
謂什二而稅對曰百姓足君孰與不足百姓不足君孰
與足注孔曰孰誰也音義饑居其反鄭本作飢盡胡疏
反徹直列反稅舒銳反
正義曰此章明稅法也哀公問於有若曰年饑用不足
如之何者謦君哀公問於孔子弟子有若曰年穀不熟

《论语》
（钦定四库全书本）

百姓用足

哀公问于有若曰:"年饥,用不足,如之何?"

有若对曰:"盍彻[1]乎?"

曰:"二,吾犹不足,如之何其彻也?"

对曰:"百姓足,君孰[2]与不足?百姓不足,君孰与足?"

——《论语·颜渊》(节选)

译文

鲁哀公问有若说:"遭了饥荒,国家用度困难,怎么办?"有若回答说:"为什么不实行彻法,只抽十分之一的田税呢?"鲁哀公说:"现在抽十分之二,我还不够,怎么能实行彻法呢?"有若说:"百姓富足了,您怎么会不富足呢?百姓不富足,您又如何能富足?"

---

1 盍(hé):何不;为什么。 彻:西周时期开始实施的税法。 2 孰:如何、怎么。

在不能兼顾的情况下，国富和民富哪一个更重要？孔子的学生有若给出了答案。

春秋时期是中国历史上的一个动荡时期，各诸侯国之间以及各国内部之间战乱频繁，社会秩序混乱。地处泰山脚下的鲁国，同样面临着诸如政治腐败、经济衰退、社会矛盾尖锐等问题。尤其是在自然灾害和频繁战争的双重夹击下，鲁国的农业生产显得不堪一击。洪水、旱灾、蝗灾等自然灾害轮番肆虐，使得本就脆弱的农田变得赤地千里、颗粒无收。而战争的破坏更是让百姓们流离失所，无法安心耕种。粮食产量下降，百姓的生活陷入了困境，在饥饿与贫困的边缘苦苦挣扎。

与此同时，鲁国的税收制度也存在严重的问题。过高的税收是沉重的枷锁，紧紧地束缚着百姓的生活，让他们本就艰难的生活雪上加霜。国家的财政收入看似因高税率会有所增加，但实际上由于百姓的负担过重，生产积极性受到极大的打击，经济发展反而陷入了恶性循环。

面对如此困境，鲁国国君鲁哀公苦于找不到有效的解决办法，于是，他向有若请教如何化解危机。

有若在听完鲁哀公的倾诉后，反问鲁哀公，为什么不实行"彻法"呢？他认为，在荒年的情况下，应该减轻百姓的税收负担，实行"彻法"，以促进经济的发展和改善百姓的生活。但鲁哀公对有若的建议提出了质疑。在他看来，降低税率可能会导致国家财政收入进一步减少，从而无法维持国家的正常运转。他的犹豫，也反映出了作为一国之君在面临艰难抉择时的矛盾心理。

然而，有若坚持认定，百姓是国家的根本，他们的生产积极性和创造力是国家经济发展的原动力。如果百姓生活困苦，那么国家的经济必然会陷入停滞甚至衰退。相反，如果百姓富足，他们就会有更多的精力和资源投入生产建设中，从而为国家创造更多的财富。

有若的观点，充分体现了儒家的民本思想。儒家一直强调执政者应该以百姓的利益为重，关注百姓的生活，实行"仁政"。在粮食问题上，粮食是百姓赖以生存的基础，只有让百姓吃饱穿暖，他们才会对国家充满信心和归属感。减轻百姓的税收负担，让百姓有足够的粮食生活，是解决国家经济问题的根本途径。

同时，有若的观点也反映了他的整体思维和和谐观念，即经济的发展是一个相互依存的过程，是一个系统问题。百姓和国家共同发展，才是真正的发展。百姓富足与国家繁荣是相互依存的关系，因此要求执政者在制定政策时要充分考虑百姓的利益，实现国家与百姓的共赢。而税收就是国富与民富之间的纽带，连接着国家和百姓的利益。执政者要合理利用税收政策，发挥其满足国家公共需求的作用，而不能沦为剥削百姓的工具。

作为孔子的得意门生之一，有若以聪慧睿智、品德高尚著称。他深受孔子思想的熏陶，对仁爱思想有着深刻的理解和践行。他以百姓的利益为出发点，为国家的发展出谋划策，展现出了一位仁心儒士的担当。

鲁哀公在困局面前，缺乏一定的治国理政能力和智慧，只看到了国家财政收入不足，却没有考虑到百姓过重的赋税负担和经济发展的长远利益，缺乏全局系统观念和长远战略眼光。然而，令人欣慰的是，他能够对国家前途感到担忧，并且对贤能之士充满渴望。正是因为他的这份担忧和渴望，才促使他向有若请教，从而有了这一段发人深省的经典对话。虽然鲁哀公在历史上并非一位杰出的君王，但这段对话却引发了后人的思考，让人们认识到民富与国富的紧密关系以及税收政策在国家发展中的重要作用。

粮话
—— 动荡时期凸显国富与民富的抉择。百姓富足是国家富足的根本，经济发展离不开百姓与国家的共同前行、平衡发展。税收是关键杠杆，在动态平衡间，展现了国与民的权重。

《孟子》
（四部丛刊景宋本）

乐岁身饱

是故明君制[1]民之产,
必使仰足以事父母,俯足以畜妻子[2],
乐岁终身饱,凶年免于死亡[3]。

——《孟子·梁惠王章句上》(节选)

簸扬图(元·程棨《摹楼璹耕作图》)

译文 所以英明的君王规定老百姓的产业,一定要使他们上能赡养父母,下能养活妻子儿女。年成好时能丰衣足食,年成不好时,也不至于饿死流亡。

---

1 制:制定法度。　2 畜:养活。　妻子:妻和子。　3 死亡:死亡和流亡。

百姓的"小愿望",无非是乐岁身饱、家庭和睦,但没有君王的"大情怀",这些愿望往往很难实现。

孟子生活的战国时期,各国纷纷变法图强。然而,在这一时期,一些执政者过度追求国家利益,却将百姓利益置之不顾。有的甚至大行严刑峻法,肆意加重赋税,致使百姓生活苦不堪言,社会矛盾日益尖锐。孟子目睹了百姓所遭受的种种苦难,深切感受到执政者肩负的重大责任。他认为,唯有施行"仁政",切实关注百姓的生活状况,国家才有可能实现长治久安,百姓才有可能得以安居乐业。

农业是古代社会的主要生产方式,土地则是百姓最为重要的财产。因此,贤明的君王会合理地分配土地资源,让百姓能够拥有属于自己的耕地,安心地从事农业生产,维持基本生计。孟子觉得,只有当百姓拥有了充足且稳定的生产资料,他们才能够心无旁骛地生活,并为国家贡献自己的力量。

古代的井田制就是一种相对合理的土地分配制度,孟子对其格外推崇。井田制将土地划分成井字形,位于中间的一块是公田,由百姓共同耕种,收获归国家所有;而环绕在四周的则是私田,由百姓各自耕种,收获由自家支配。这种土地分配方式在一定程度上保障了百姓的生产权益,让百姓能够拥有相对稳定的收入来源。

然而,随着局势动荡,井田制逐渐遭到破坏,土地兼并现象越发严重,不少人失去了赖以为生的土地,生活陷入了困境之中。孟子认识到了这一问题的严峻性,因此他极力主张贤明的君王应当重新制定土地政策,恢复合理的土地分配制度,让百姓重新获得应有的土地使用权益。

他还希望君王能具备居安思危的意识,主动采取措施确保百姓在丰年和灾年都能够拥有充足的粮食供应。在丰年时,应当鼓励百姓积极投身耕种,努力增加粮食产量。在灾年时,应当及时对百姓进行救济,帮助他们顺利渡过难关。只有君王以民为贵、制民之产,百姓才能够拥有足够的财富来赡养父母、养活妻子儿女,维系家庭的幸福与和谐。倘若家家户户都能稳定和睦,整个社会也就会井然有序,这是孟子推崇的"仁政"。

孟子的这些观念,生动且鲜明地体现在他与梁惠王的对话当中,而这些对话都被详细地记录在《孟子》一书的相关篇章里。孟子凭借其雄辩的口才和深邃的洞察力,通过对梁惠王的提问和引导,阐释了治理国家的根本原则，表明了自己的"仁政"主张。他始终认为，执政者应当将百姓的利益置于首位，如同父母关爱子女那般关爱百姓，全力为百姓创造良好的生产生活条件。

在经济方面，孟子强调了合理的土地分配以及农业生产的重要性。他大力主张执政者应当制定合理的土地政策，确保百姓拥有足够的耕地，保障基本生活需求。孟子还提出了"不违农时"的观点，提醒执政者应当尊重农业生产规律，不能干扰耕种秩序，这样才能保障粮食的供应稳定。此外，孟子还积极提倡减轻赋税负担，让百姓能够积累更多的财富，进而提高生活水平。

在文教方面，孟子认为执政者应当以身作则，引导百姓树立正确的价值观。他一再强调"仁义"的重要意义，认为执政者应当怀揣仁爱之心对待百姓，大力推行道德教育，精心培养百姓的善良品质。孟子还提出了"老吾老以及人之老，幼吾幼以及人之幼"的观点，倡导人们关爱他人，努力营造和谐融洽的社会氛围。

在政治方面，孟子主张实行"仁政"，强烈反对暴政。他认为执政者应当以民意为指引，用心倾听百姓的声音，全力为百姓谋取福利。孟子严厉批评了那些只追求权力和私利的执政者，认为他们的此类行为必然会导致国家的衰亡。孟子提出的"得道者多助，失道者寡助"的观点，着重强调执政者只有切实推行"仁政"，才能够赢得百姓的支持和拥护。

孟子的"仁政"思想内涵丰富，不仅在当时具有重要的意义，即便在当今社会，依然能够为国家治理和社会发展提供宝贵的启示和借鉴。

粮话——顺境尽孝养家，逆境免死求生，百姓的小日子是君王的大追求。怀仁德之心，为他人福祉努力，让众人皆有保障与尊严，社会才能和谐稳定，这便是『国之大者』。

《管子》
（四库全书本）

守在仓廪

凡有地牧[1]民者,务在四时,守在仓廪。国多财,则远者来;地辟举[2],则民留处;仓廪实,则知礼节;衣食足,则知荣辱。

——《管子·牧民》(节选)

管仲像(清·孔莲卿《古圣贤像传略》)

> **译文**　凡是拥有土地治理百姓的君王,务必致力于四季农事,确保粮仓的储备。国家的财富多了,远方的人就会来归附;土地得到开垦,百姓就会留下来居住;粮仓充实,百姓就懂得礼节;衣食丰足,百姓就懂得荣辱。

1 牧:管理。　2 辟举:耕地开发得全面。　举:尽、皆。

粮安天下，仓廪为要。在周王室衰微，诸侯争霸的形势下，粮仓就是"镇国之宝"。

春秋时期齐国的崛起，管仲厥功至伟。他最大的贡献，无疑是精准抓住了确保粮食安全这个治国之要。管仲的观点在《管子》一书中集中体现，其中《管子·牧民》这一章具有代表性。

他提出治理国家"务在四时"，也就是说要根据四季的变化合理安排农业生产。春天是播种的绝佳时机，执政者应当组织百姓及时耕种，全力保证种子顺利发芽生长。夏天是作物生长的关键时期，一定要加强田间管理，及时进行灌溉、除草、施肥，确保农作物茁壮成长。秋天是收获的重要时刻，需要动员百姓及时收割，力求粮食颗粒归仓。冬天则是休耕和储备的黄金阶段，要对土地进行修整，储备充足的粮食和各类生活所需物资，为渡过严寒做好准备。尤其应当重视的是"守在仓廪"，要建造必要的粮仓，囤积足量的粮食，以此应对灾年和战争的紧急需要。

四时不误，仓廪有粮，国家自然就有了凝聚力。国富则聚人，就能够吸引四方百姓前来归附。春秋时期，随着铁制农具和牛耕技术的推广，农业生产水平有了显著提高。与此同时，商业和手工业也逐渐兴旺起来，城市越来越繁荣。然而，由于战争和自然灾害频繁发生，百姓的生活依旧艰难困苦，粮食短缺、民众流离失所等问题成为各国亟须解决的重大难题。君王只有通过大力发展农业生产、积极鼓励商业贸易、切实加强税收管理等一系列措施，持续增加国家的财富积累，才能够吸引更多的人前来归附，推动国家更加团结富强。

地广则留人，就能够让百姓留下来安居乐业。土地是百姓的首要生产资料和生活保障。管仲大力倡导以民为本，国家必须把百姓的利益放在首要位置，密切关注百姓的生活需求。"政之所兴，在顺民心；政之所废，在逆民心。"只有赢得民心，才能够实现国家的长治久安。君王应当采取有效措施开垦荒地，大力拓展耕地面积，全力提高农业生产的产量，这样才能满足百姓的生活需求，从而赢得广泛拥护。

仓满则育人，就能够宣扬礼仪和道德规范。物质生活在很大程度上决定着精神文明，只有百姓的生活富足，摆脱了饥饿和贫困的束缚，才能拥有充足的时间和精力去学习和遵循礼仪与道德规范。《管子·牧民》

中提出的"礼、义、廉、耻",被称为"四维",是维护社会秩序、实现国家长治久安的重要保障。"四维不张,国乃灭亡。"礼,用于规范人们的行为举止,促使社会有序运转;义,着重强调正义和公平,引导人们做出正确选择;廉,要求为官者廉洁奉公,坚决杜绝贪污腐败;耻,着力培养羞耻之心,让人们自觉遵守道德规范。君王首先需要保障百姓的生活,并努力提高他们的生活水平,人们才会懂得礼仪和道德规范,国家也才能够走向繁荣昌盛。否则,"一维绝则倾,二维绝则危,三维绝则覆,四维绝则灭"。

齐国在管仲的精心治理下,大力推进制度改革,科学划分行政区划,显著强化了国家治理,使齐国政令顺畅施行。在经济领域,全力发展农业、手工业和商业,通过改革税收制度等有力举措,让国库充盈,极大增强了军事实力。更为重要的是,吸引了众多学者和思想家纷纷前来齐国讲学,有力促进了文化的交流和融合。齐国的稷下学宫汇聚了当时诸子百家中的几乎各个学派,当之无愧地成了当时的重要文化中心。

幸有管仲,齐国成功崛起成为春秋霸主,一匡天下,开启了崭新篇章。

粮话 —— 民以食为天

粮食生产有序、粮食储备充足,这是国家稳定的根本。国富就能聚人,地广就能留人,仓满就能育人,管仲的智慧在于以民为本改革图强,以粮为先实现崛起。

不忠所忠不信六患也畜種菽粟不足以食
之大臣不足事之賞賜不能喜誅罰不能威
七患也以七患居國必無社稷以七患守城
敵至國傾七患之所當國必有殃此五穀者
民之所仰也君之所以為養也故民無仰則
君無養民無食則不可事故食不可不務也
地不可不力也用不可不節也五穀盡收則
五味盡御於主不盡收則不盡御一穀不收

《墨子》
（四部丛刊景明本）

民之所仰

凡五谷者，民之所仰也，君之所以为养也。故民无仰，则君无养；民无食，则不可事。故食不可不务[1]也，地不可不力[2]也，用不可不节也。五谷尽收，则五味尽御[3]于主；不尽收，则不尽御。一谷不收谓之馑，二谷不收谓之旱，三谷不收谓之凶，四谷不收谓之馈，五谷不收谓之饥。

——《墨子·七患》（节选）

译文

五谷，是人民赖以生存的食物，也是国君所赖以给养的物资。所以如果人民失去生存保障，国君也就没有给养了；人民一旦没有可吃的（食物），就不能为国君服役了。所以粮食不能不加紧生产，田地不能不尽力耕作，财物用度不可不节制使用。五谷全部丰收，那么君王就能享用五味。若不全部丰收，那么君王就不能完全享用。一种谷物不收称作馑，两种谷物不收称作旱，三种谷物不收称作凶，四种谷物不收称作馈，五种谷物不收称作饥。

---

[1] 务：致力于。 [2] 力：尽力于。 [3] 御：进献，给君王享用。饮食入于口称为"御"。

忧国者，防国患；忧民者，为民生。墨子忧国忧民的赤诚之心，在《墨子·七患》中得以生动地体现。

这是反映墨子思想的一篇重要文章，深刻地阐述了国家面临的七种祸患以及应对之策。文中，墨子以其独特的视角和深刻的思考，对国家的安危、百姓的福祉进行了深入剖析。

墨子提出国家有七种灾患，分别是：国防松弛，却大兴豪宫华室；敌国压境，却没有盟友相救；在无用的事上劳尽民力，赏赐无能之人，财力被掏空；做官的人不求上进，没有做官的有识之士只顾着拉帮结派，臣下因畏惧法律而不敢提不同意见；君王自以为是，不问国事，周边国家图谋攻打却毫无防备；信任的人不忠实，忠实的人又得不到信任；储备的粮食不够吃，大臣不能担当任事，赏赐不使人高兴，责罚不能让人畏惧。只要有此"七患"存在，那么国家必危必亡。

"七患"之中，粮食问题被视为国家稳定的关键。墨子认为，五谷是"民之所仰""君之所以为养"的根本。百姓依靠耕种土地产出粮食，以满足自身的生活需求；而君王通过征收赋税等手段获取粮食等物资，用于国家的治理、建设和防卫。粮食就是沟通百姓和君王的重要纽带，是国家稳定与发展的关键保障。粮食丰足，百姓就能过上稳定的生活，君王也会因此受益；反之，若粮食匮乏，君王不仅无法品尝美味，国家的安全更会如临深渊。在大自然面前，人类显得脆弱渺小，粮食的产量直接左右着国家的命运走向。从"馑""旱""凶""匮"到"饥"，国家的危机步步紧逼，百姓的生活每况愈下，君王的权威也岌岌可危。如此情形之下，国家必将陷入危亡之境。墨子深知，只有牢牢抓住粮食这一根本问题，才能有效地防范"七患"。

"食不可不务也"，重视粮食生产，一方面要增加耕地面积和提升农业技术，另一方面要合理调动劳动力，促使更多的人投身到农业生产之中。同时，国家应当积极制定鼓励农业生产的政策，减轻农民的赋税负担等。"地不可不力也"，要求对农田进行合理规划，充分利用土地资源，坚决避免土地的闲置和滥用，保持土地肥力，进而提高单位面积的粮食产量。此外，对于部分荒地和山地，进行适当的开垦与改造，以增加可耕种土地的面积。"用不可不节也"，墨子倡导"节用"，主张节约粮食应当从日常生活的点滴细节入手。在宫廷官府中，应减少不必要的宴会和铺张浪费；在民间，要引导百姓珍惜每一粒粮食，形成节俭的良好风尚。在他看来，无论是君王还是百姓，都必须避免奢侈浪费，做到节约粮食和各类资源。

在墨子的思想里，"尚贤"与保障粮食安全紧密相连。他坚信，国家应当选拔有真才实学的人担任官职，尤其是负责农业生产和粮食管理的官员。贤能的官员能够制定出科学合理的农业政策，高效地组织农业生产，妥善地调配粮食资源，确保粮食得以合理分配，有效避免粮食囤积和浪费的现象。

墨子还主张"兼爱""非攻"，他深知战争对于粮食生产和国家稳定造成的巨大破坏。在"七患"中，敌国压境却无盟友相救，这充分暴露出战争威胁下国家安全的脆弱性。战争不仅会严重破坏农田，影响粮食生产，更会导致百姓伤亡，动摇国之根本。从"兼爱"的理念出发，墨子坚决反对战争，倡导诸侯国和平共处，共同致力于发展农业生产，全力确保粮食的稳定供应，实现百姓的安居乐业。

生于忧患，常思国患；强在农本，常固国本。这是墨子对国家治理和农业生产的深刻洞察与睿智见解。

粮话——重视农业生产，保障粮食的充足供应，合理分配资源，任用贤能之士管理国家事务，倡导节俭之风，避免战争破坏，国家才能防患未然，实现长治久安、繁荣昌盛。

《国语》
（钦定四库全书本）

大事在农

夫民之大事在农,
上帝之粢盛[1]于是乎出,民之蕃庶[2]于是乎生,
事之供给于是乎在,和协辑睦[3]于是乎兴,
财用蕃殖[4]于是乎始,敦庞纯固[5]于是乎成,
是故稷为大官。

——《国语·周语上》(节选)

译文

百姓的大事在于农业,祭祀上天的谷物祭品由此而出,百姓的繁衍生息由此而生,各种事情的物资供给由此而起,和睦协调由此而兴,财物的增长由此开始,(百姓)敦厚质朴、(国家)殷实稳固由此而成。所以掌管农业的稷官是很重要的职位。

---

1 **粢**(zī)**盛**(chéng):古代盛在祭器内以供祭祀的谷物。 **粢**:指谷物。 **盛**:指放在祭器里用来祭祀的谷物。 2 **蕃庶**:繁多;众多。这里指人口繁衍众多。 3 **辑睦**:和睦。 **辑**:有和睦的意思。 4 **蕃殖**:繁殖增多,增加财富。 5 **敦庞**(máng):敦厚笃实。 **纯固**:纯正坚固。这里指国家殷实稳固,社会风气纯正。

籍田之礼，是西周时期一项极为重要的仪式。天子亲自率领诸侯、公卿大夫等在籍田上举行耕种仪式，以表示对农业的重视。

然而，周宣王却不再举行籍田之礼，这种行为就是"忘本"。于是，贤臣虢文公对周宣王进行了劝谏，他的精彩言论被记录在了《国语·周语上》里。

虢文公针对周宣王轻视农业、忽略粮食生产的做法，明确指出"民之大事在农"，并全面论述了农业在国家和百姓生活中的重要地位。

在古代社会，人们普遍认为上天是万物的主宰，祭祀上天是国家的重要活动之一。农业生产不仅仅是为了满足人们的生活需求，更被视为是上天赋予民众的神圣使命。人们通过辛勤劳作种植粮食，然后将这些粮食作为祭品奉献给上天，以此表达对神灵的敬畏和感恩。君王也会通过举行对上天的祭祀仪式，向民众展示自己与上天的特殊关系，从而增强在民众心中的威望。因此，"上帝之粢盛于是乎出"，农业与礼仪制度有着紧密的联系，这就是农业被称之为"大事"的第一要义。

农业生产让人们拥有了固定的土地和稳定的资源，为人们提供了可靠的粮食来源。同时，也减少了远古狩猎采集生活那种居无定所、时常暴发冲突的情况，营造了相对安定的社会环境，有利于人口的繁衍生息。所以，"民之蕃庶于是乎生"，农业发展与人口增长息息相关。

对国家而言，农业是经济基础。国家各种事务，如军队的给养、官员的俸禄、祭祀的费用等，绝大多数需求都要从农业生产中获得满足，"事之供给于是乎在"。因此，农业生产的状况直接影响到国家的正常运转和长远发展，这也是农业"大事"的体现。

农业生产促进了社会的团结和睦。在生产过程中，经验的传承、种子的播种、粮食的收割等重要环节，都需要人们相互帮助、协同合作。并且，发展农业需要综合考虑土地、水源、气候等自然条件与人力资源的相互协调，这也强化了人们对"天人合一"、社会和谐理念的认同——"和协辑睦于是乎兴"。

"财用蕃殖于是乎始"，财富的增值也是从农业开始的。农业生产不但满足了人们的基本生存需要，而且是整个社会经济活动中财富产生的源头。农业的良性发展会使粮食等农产品产量更高，有更多剩余，从而促进商业贸易活动发展，推动社会分工，促进财富在不同群体间的流转与增值。

最后，百姓敦厚质朴的美德也是在农耕实践中形成的。农业生产需要农民付出大量的辛勤劳动。每一个环节都需要投入时间和精力，还要面临各种自然风险。在长期劳作中，百姓养成了勤劳勇敢、艰苦朴素的精神品质，塑造了坚韧不拔、顽强拼搏的民族品格，更增强了对庄稼、家庭和社会的责任感与使命感，"敦庞纯固于是乎成"。

由此可见，古代祭祀的贡品、人民的生息、国事的供给、社会的和谐、财富的增值以及百姓的美德养成，都依赖于农业。虢文公强调了农业在国计民生中至高无上的地位，也全面阐述了农业的积极影响。

然而，从史实来看，周宣王并没有把虢文公的劝谏放在心上。废弃籍田之礼，在一定程度上削弱了周王室在重视农业生产上的示范和引领作用，导致百姓参与生产实践的积极性严重下降，使农业发展受挫。并且，这种被视为对传统礼制不尊重的行为，也损害了周王室在各诸侯国中的威望，进一步降低了周王室"天下共主"的统治地位。后来，周宣王晚年对外用兵接连失败，西周王朝逐渐走向衰落。虽然有过短暂的"宣王中兴"，但也只是昙花一现。

虢文公的劝谏体现了当时一些有识之士对周王室政策变化的担忧，他们希望通过强调农业的重要性，促使周宣王恢复籍田之礼，重新重视农业生产，以维护国家的稳定和繁荣。

只是，最终事与愿违。但虢文公对于农业重要性的深刻见解，穿越历史的重重帷幕，依然能被当今社会思考和借鉴。农业，始终是国家的根基，是民生的保障，无论时代如何变迁，都应给予应有的重视和呵护。

粮话 —— 农业关乎民族信仰，影响人口繁衍，支撑国事供给，促进社会和谐，激发财富增值，塑造百姓品德，是国家稳定与繁荣的基石。无论何时，都不可"忘本"。

民以食为天

書辯慧者一人為千人者皆怠於農戰矣農戰之民百人而有技藝一人為百人者皆怠於農戰矣國待農戰而安主待農戰而尊夫民之不農戰也上好言而官失之也常官則國治作壹而國富國富而治王之道也故曰王道作外身則國富而治王之道也故曰王道作外身作壹而已矣今上論材能知慧而任之則知慧之人希主好惡使官制物以適主心是以官無常國亂而不一辯說之人而無法也如此則民務焉得無多而地焉得無荒詩書禮樂善修仁

《商君书》
（四部丛刊景明天一阁本）

农战而安

国待农战而安,主待农战而尊。

夫民之不农战也,上好言而官失常也。

常官[1],则国治;壹[2]务,则国富。

国富而治,王之道也。

故曰:王道非外,身作壹而已矣。

——《商君书·农战》(节选)

> **译文**
>
> 国家依靠"农战"政策而安定,君王依靠"农战"政策而尊贵。如果百姓不从事农耕和作战,那是因为君王喜欢空谈而官吏不按既定法规办事。依法按规选用官吏,国家就能治理好;专心务农作战,国家就会富强。国家富强而又政治清明,这是称王天下的道路。所以说,称王天下的办法没有别的,就是使百姓专心致力于农耕和对外作战罢了。

1 **常官**:依法按规选拔官员。　2 **壹**:专一,致力。

在战国的烽火连天中，百姓深陷无尽的痛苦。各诸侯国有志之士都在积极探索增强国力、安定天下的方法。改革孕育出生机，社会生产力在不知不觉中发展起来，封建经济如同春笋般破土而出，新兴地主阶级急切地盼望能够建立一个强大的中央集权国家，来维护自身的利益。

在这样的历史洪流中，商鞅适时而出。他推行的一系列变法顺应了从奴隶制向封建制转变的历史趋势，取得了显著成效。他着重阐述农业与对外战争对于国家的重要意义，主张通过鼓励"农战"政策来实现国家的富强和稳定。

商鞅在《商君书·农战》开篇即提出"国待农战而安，主待农战而尊"，明确指出国家的安定和君王的尊崇都依赖于农业和对外战争。他的"农战"政策，特点显著，把握了农业与军事的辩证关系。农业是战争的坚实基础，只有强调"壹务"，引导农民辛勤劳作，国家才能够拥有充足的粮食作为军需物资。秦国正是因为大力鼓励农业生产，使得粮仓满实，为军队的长期征战打下了牢固的物质基础。而战争的胜利又为农业发展开拓了更广阔的空间，创造了更有利的条件。秦国在持续不断的对外征战中，夺取了大量的土地和人口，为农业的进一步发展注入了丰富的资源和劳动力。

商鞅通过赏罚分明的手段来推动农战。在农业生产和战争中表现出色的人，能够获得官职、爵位、土地、财富等丰厚的奖励。这样的激励机制，激发了民众参与农战的热情，让他们为了荣誉和利益，在平时能够全心全意地从事农业生产，在对外作战中能够全力以赴、英勇冲锋。秦国的士兵在战场上奋勇杀敌，根据斩获敌人首级的数量赏赐相应的爵位，极大地提高了秦军的战斗力。同时，对于那些逃避农战的人，商鞅严厉惩罚，要么将其收为奴隶，要么给予刑罚，以此来威慑民众，让他们不敢逃避农战。

商鞅特别强调国家对民众的严格管理和控制。一方面，"令民为什伍，而相牧司连坐"（《史记·商君列传》），推行户籍制度，实行"什伍连坐"，把民众按照五家或者十家为一个单位进行编制，让他们相互监督、相互连坐。这种制度加强了中央集权，使得国家能够准确地掌握人口信息，便于征调劳动力和兵员。另一方面，进行思想控制，主张统一民众的思想和行为，让民众只专注于农战。通过贬低学者、抑制商业等打压方式，引导民众把精力全部投入农业生产和对外战争中。

商鞅非常重视法令的保障作用。他制定了一系列严密的法律条文，对农战的各个方面进行规范和约束。这些法律明确了民众的权利和义务，规定了奖惩的标准和程序，使得农战政策能够有效地实施和执行。他还强调严格执法，不管是什么身份和地位，违法的人一律依法严惩，从而维护法律的权威性和严肃性，保证民众不敢轻易违反法律，保障农战政策能够顺利推行。

商鞅以实现富国强兵作为变法的最终目标。对于富国来说，鼓励农业生产，提高产量，不仅增加了国家的粮食储备和财富积累，还促进了相关产业的发展，如农具制造、水利建设等，推动了国家经济的繁荣。对于强兵来说，以农战为基础，培养强大的军队。民众在长期的农业劳动中锻炼了身体和意志，在战争中能够表现出顽强的战斗力。秦国依靠农战政策，逐渐建立起一支勇猛善战、纪律严明的军队。

在商鞅的心里，君王应当以身作则，重视农业和对外战争，带领民众齐心协力，共同实现国家的富强和稳定，成就称霸天下的伟大事业。商鞅以鼓励农战为核心的治国策略，幸运地得到了秦孝公的大力支持，让秦国逐渐变得强大起来，为后来秦始皇统一六国奠定了基础。

粮话——风云际会，乱世纷争，君王率民图强，锐意改革。秦国缔造了大一统帝国，得益于农战相促、严法治国、君民同心的创新举措和长期积累。

民以食为天

谋而贱战,战而百胜非善之善者也,故先为不可胜以待敌之可胜（师古曰:此兵法之辞也。言先自完坚,令敌不能胜我,乃可以胜敌也）。蛮夷习俗虽殊于礼义之国,然其欲避害就利,爱亲戚,畏死亡,一也。今虏亡其美地荐草（荐,稠草。愁于寄托,远遁骨肉离心,人有畔志,而明主般师罢兵（师古曰:般读曰班,还也）。万人留田,顺天时,因地利,以待可胜之虏,虽未即伏辜,兵决可期月而望。羌虏瓦解,前后降者万七千余人,及受言去者凡七十辈,（如淳曰:羌胡言语,遣去者师古曰:如说非也。谓羌受充国之言,归相告喻,前后者也。羌虏即羌贼耳,无豫于胡也）。此坐支解羌虏之具也。臣谨条不出兵留田便宜十二事,步兵九

万人留田

今虏亡其美地荐草[1]，愁于寄托远遁，
骨肉心离，人有畔[2]志，
而明主般师罢兵，万人留田，
顺天时，因地利，以待可胜之虏，
虽未即伏辜[3]，兵决可期月而望。

——《汉书·赵充国辛庆忌传》（节选）

译文

现在羌虏失去了他们肥美的土地和茂盛的牧草，忧愁地寄居于遥远的地方逃窜，他们内部人心涣散，有人怀有背叛的想法。而圣明的君王此时率领军队返回，留下万人在那里屯田，顺应天时，凭借地利，等待可以战胜羌虏的时机。虽然羌虏未必立即服罪，但战争的胜利有望在一个月左右的时间里实现。

---

1 荐草：指供给马吃的草料。　2 畔：通"叛"，背叛。　3 伏辜：服罪、承担罪责。　伏：承担、承受。　辜：罪。

羌族是中国古代西北地区的一个游牧民族，时常对西汉边疆地区进行袭扰。在汉宣帝时期，羌族人再次发动叛乱，对边疆地区的安定和平造成了严重威胁。

赵充国是西汉名将，一生历经汉武帝、汉昭帝、汉宣帝三朝，见证了边疆的长期动乱。面对羌族人的袭扰，已经七十六岁高龄的赵充国毅然主动请缨，亲率万余士兵奔赴前线，试图平息西羌之乱。

在平叛的过程中，赵充国展现出卓越的军事才能和敏锐的战略眼光。他善于深入分析敌情，依据实际情况巧妙制定战略战术。在此期间，他先后五次上书汉宣帝，其中两次提出以政治安抚为主、军事打击为辅的平叛方针，三次恳请"屯田制羌"，最终获得同意，因此取得了平叛的胜利。

战争离不开粮食的支撑保障，一定意义上，粮食完全可以左右战局。

在经历了多年的战争后，西汉国力有所消耗。边疆地区戍守士兵的粮食供应不足成了首要难题。农耕大国的情况尚且如此，西北游牧民族的情况更不容乐观。赵充国抓住了粮食这个根本要素，敏锐地意识到与羌族人直接展开军事冲突并非当下良策，而应该通过屯田来夯实粮食基础，进而强化防卫。他看到了羌族人在战争中的劣势，那就是离开了自己的土地和丰茂的牧草，被迫远遁他乡，陷入了困境，实力已经受到了削弱。并且，羌族人内部也出现了矛盾和分裂，人心涣散，有人甚至产生了反叛的念头。

然而，赵充国虽然看到了这个"可乘之机"，但并未贸然出击，反而建议"般师罢兵，万人留田，以待可胜"。这一决策是基于对天时地利的考虑。

"顺天时"，对于农业生产至关重要。赵充国认为，此时正值适宜耕种的季节，可以利用这个时机屯田，为军队和边疆地区百姓提供粮食。"因地利"，即利用边疆地区的地理优势。边疆地区土地肥沃，适合农业生产。在这样的天时地利条件下，让一部分军队留下来屯田，从事粮食生产，可以充分利用这些土地资源，提高粮食产量。既能解决军队粮食供应不足的问题，又能减轻国家的财政负担。同时，屯田还可以加强对边疆地区的控制，防止羌族人再次袭扰，为国家的边疆安全提供一道牢固的屏障。

基于对战略形势的准确判断,赵充国对战争胜利充满信心,虽然羌族人当时还没有被彻底击败,但是通过"以兵屯田"的策略,增强西汉军队实力的同时也削弱和损耗了羌族人的势力。赵充国等待的是一个机遇,一旦时机成熟,发动进攻,就能够一举击败羌族人,取得战争的决定性胜利。

历史的发展正如赵充国所料,在他实施屯田以后不到半年的时间里,羌族人纷纷归降,人数多达三万。剩余少数未归降者,已不足以构成威胁。于是,赵充国再次上书汉宣帝,请求罢兵,最终振旅而归,立下了全胜之功。

粮食是制敌的武器,也是文化的纽带。羌族人虽过着游牧生活,但也向往农耕文明,与中原的交往源远流长。《诗经·殷武》中就有"自彼氐羌,莫敢不来享"的诗句,表明羌族人与汉族人自古就有割不断的联系。"王政修则宾服,德教失则寇乱"(《后汉书·西羌传》),当中原经济繁荣昌盛、文化开明豁达之时,羌族人自然乐于归附,民族团结、国家安宁的美好愿景便指日可待。粮食对于国家经济、政治、文化的重要作用,不言而喻。

赵充国为人忠诚正直、敢于直言进谏,一生戎马倥偬,多次在对匈奴和羌族人的战争中表现出非凡的勇气和智慧,为保卫西汉边疆立下了赫赫战功。他征战沙场的豪迈,书写出极具战略眼光的名篇,生动诠释了"粮安天下"的内涵。

粮话

粮食所承载的,不仅是生存的保障,更是一种力量的象征,一个文化融合的平台。顺天时地利而为,抓粮食安全之关键,有助于在困境中觅得转机,在乱局中实现和平。

尽地力之教

作尽地力之教,以为地方百里,提封九万顷,除山泽邑居参分去一,为田六百万亩,治田勤谨则亩益三升,不勤则损亦如之。

——《汉书·食货志上》(节选)

| 耒耜之利 —— 055
| 五谷不绝 —— 059
| 为之者人 —— 063
| 躬耕帝籍 —— 067
| 粟为赏罚 —— 071
| 日力建功 —— 075
| 民获资生 —— 079
| 劝课有方 —— 083
| 几涉入仓 —— 087
| 种之甘薯 —— 091

辭禁民爲非曰義古者包犧氏之王天下
也仰則觀象於天俯則觀法於地觀鳥獸
之文與地之宜
近取諸身遠取諸物於是始作八卦以
通神明之德以類萬物之情作結繩而爲
罔罟以佃以漁蓋取諸離
包犧氏沒神農氏作斲木爲耜揉木
爲耒耒耨之利以敎天下蓋取諸益
日中爲市致天下之民聚天下之貨交
易而退各得其所蓋取諸噬嗑

《周易》
（四部丛刊景宋本）

耒耜之利

神农氏作，斫木为耜[1]，揉木为耒[2]，耒耨[3]之利，以教天下，盖取诸《益》[4]。

——《周易·系辞下》（节选）

神农画像（武梁祠刻石）

> **译文**
> 神农氏兴起（伏羲氏去世之后）。他砍削木头做成耜，弯曲木头做成耒，耒耨锋利，教导天下百姓使用工具，这大概是取法于《益》卦。

---

1 **斫**（zhuó）：砍削、砍伐。 **耜**（sì）：古代一种像犁一样的翻土农具，其形状类似现在的铁锹，主要用于翻土、开垦土地，是农业生产中重要的工具之一。 2 **揉**：使木材弯曲，通过加热或其他方式让木材变得柔软，然后弯曲成所需的形状。 **耒**（lěi）：古代的一种农具，形状像木叉，是在耜的基础上发展而来的，主要用于翻土播种，通常与耜配合使用。 3 **耨**（nòu）：锄草工具。 4 **盖**：表示推测、大概。 **取诸**："取之于"的意思，即从……中取得、获取。 **《益》**：《易经》中的一卦，象征着增益、好处。

苍茫的远古，大地初启鸿蒙，人类尚处于蒙昧混沌之中。靠采集狩猎为生的人们，常在风雨中颠沛流离，在饥寒交迫中瑟瑟发抖，对安稳富足的生活万分渴望。在这般艰难处境下，神农氏的出现给人们带来了希望。

神农氏是中国古代神话传说中的重要人物，被尊为农业和医药的始祖。他也被认为是炎帝，姓姜，生于姜水（今陕西宝鸡一带），是上古时期姜水流域部落的首领。据传，为帮助人们摆脱饥饿的威胁，神农氏怀着对族人命运的忧虑和关怀，率先尝试种植农作物，这无疑是一场伟大而充满风险的试验，也是人类由原始文明迈向农耕文明至关重要的一步。

在尝试种植农作物的过程中，神农氏察觉到，仅依靠双手根本无法有效开垦土地。于是，他又踏上了探索与变革的道路——发明耒耜。《白虎通义》记载："古之人民，皆食兽禽肉。至于神农，因天之时，分地之利，制耒耜，教民农作。"人们在使用耒耜时，以脚踩耜入土，手执耒柄撬动土壤。耒耜锐利的前端可以减少土壤阻力，曲柄耒延长力臂，能提升耕作效率。这种工具的使用，意味着人们的生产方式从"刀耕火种"向深耕细作转型，具有划时代意义。

神农氏"斫木为耜"，砍削木头的声响仿佛在与大自然深情交流；"揉木为耒"，弯曲木材的动作就像在精心塑造生命的希望。耒的尖头锋利无比，有力地刺入土地，唤醒沉睡的生机；耜的形状如同铲子，坚实耐用，挖掘着希望的土壤，播撒下生命的种子。这看似质朴简单的工具，实则凝聚着神农氏无尽的智慧和心血。耒耜用于耕作十分便利，神农氏不仅自己实践利用，而且还将耒耜的制作方法和使用技巧传授给百姓，大力推广，普惠天下苍生。自此之后，人们在土地上的劳作效率大幅提高，粮食的产量持续增加，生活也一天比一天安稳。

神农氏发明耒耜的过程，与《益》卦的精神相契合。《益》卦象征着增益与进步，鼓励人们在前行的道路上保持积极中正之心，终能顺利渡过难关，实现远行的目标。实际上，神农氏所处的时代或许还没有形成完整的《易经》，但《益》卦所蕴含的进取精神，恰好与神农氏的创新举动遥相呼应。他坚持不懈、主动探索，顺应天时地利的自然规律，为人类谋求更美好的生存方式，这正是《益》卦精神的生动展现。

神农氏的伟大创举，为中华大地埋下了一粒良种，启发后人不断开拓创新，持续推动着社会不断向前发展。他那关爱百姓、无私付出的高尚品德，成为后世明君忧心民众福祉，为百姓生存全力以赴、鞠躬尽瘁的光辉典范。神农氏重视农业生产的理念，从古至今从未有过改变。在众多古代的经典著作中，如《尚书》《礼记》等，都着重强调了农业对于国家繁荣和社会稳定具有不可替代的重要意义。另外，"天人合一"的哲学思想，在耒耜的发明过程中也得到了充分体现。人们恪守敬畏之心，遵循大自然的内在规律，促使人与自然和谐共处、共生共荣。

与神农氏发明耒耜、大力推动农耕相辅相成的，是后稷在农业上的功绩。《孟子·滕文公上》中有这样的描述："后稷教民稼穑，树艺五谷，五谷熟而民人育。"可以说，正是因为有了神农氏开创性的伟大发明，后稷等农业先驱才能在此基础上进一步优化农业技术，从而使得粮食产量逐步提升，人们的生活不断改善。

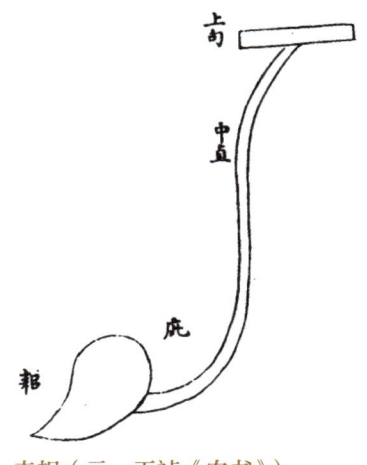

耒耜（元·王祯《农书》）

粮话——

神农氏发明耒耜之举，融合了创新、顺应自然与无私的精神力量，开启了农耕文明的序幕，为人类生存发展指明了方向。此创举激励着后世不断探索、奉献，追求人类与自然的和谐共生。

尽地力之教

草木榮華滋碩之時則斧斤不入山林不夭其生不絕其長也黿鼉魚鱉鰌鱣孕別之時罔罟毒藥不入澤不夭其生不絕其長也春耕夏耘秋收冬藏四者不失時故五穀不絕而百姓有餘食也汙池淵沼川澤謹其時禁故魚鱉優多而百姓有餘用也

《荀子》
（四部丛刊景宋本）

五谷不绝

春耕、夏耘、秋收、冬藏四者不失时，故五谷不绝，而百姓有余食也。

——《荀子·王制》（节选）

五谷图

译文

春天耕种、夏天锄草、秋天收获、冬天储藏，这四个时节都不耽误时机，只有这样五谷才不会断绝，百姓才有富余的粮食。

农民是农田里的艺术家。农耕劳作的节奏，就如同古老而悠扬的乐章，春耕、夏耘、秋收、冬藏，每一节音符如期而奏，四时不失，五谷不绝，生命的旋律才会延绵动听。荀子论说着粮食生产永恒不变的重要性，也道出其中蕴含的顺应天时、合理规划的深邃思想。

春回大地，阳气升腾，沉睡的土地在春风的轻抚下渐渐苏醒。此时，春耕的序幕已缓缓拉开。春耕是一场与时间的赛跑，更是对天时的顺应。要赶在最佳的时节，让土地接纳种子，给予它们适宜的温床。早一分，土地未醒；晚一分，时机错过。农民凭借多年的农业生产经验和对自然的敏锐感知，精准地把握着这个关键时刻。他们深知，只有不失时机的春耕，才能为一年的丰收打下坚实的基础。于是，农民满怀希望，扛着锄头，牵着耕牛，走向广袤的田野。他们用粗糙的双手，翻开肥沃的土地，播下希望的种子。每一颗种子，都承载着对生命的渴望，每一次播种，都是对未来的期许。

随着春日渐深，夏耘的时节接踵而来。夏耘，不仅要辛勤劳作，更需要合理规划。炎炎烈日下，禾苗在努力生长，杂草也在伺机蔓延。在这个阶段，农民需要根据禾苗的生长状况和天气变化，精确安排各项农事活动。何时除草能最大程度减少杂草对养分的争夺，何时施肥能给予禾苗恰到好处的滋养，何时灌溉能满足其对水分的需求，都需要深思熟虑、合理谋划。农民头戴草帽，穿梭在田间，除草、施肥、灌溉，每一项工作都充满了辛劳。他们细心呵护着每一株幼苗，如同呵护着自己的孩子。这是对粮食的珍惜，更是对未来丰收的寄托。

当秋风送爽，大地染上金黄，秋收的喜悦弥漫在每一寸空气中。沉甸甸的稻穗低垂，饱满的谷粒闪烁着光芒。农民手持镰刀，忙碌于田间，脸上洋溢着幸福的笑容。每一把收割的稻谷，都是大自然与人类共同努力的结晶，更是大自然对勤劳人民的慷慨馈赠。在这个时刻，人们感受到了土地的深情厚意，也更加珍惜这来之不易的丰收。然而，秋收并非终点，而是另一个阶段的起点。

寒冬来临，万物蛰伏，冬藏的时节悄然到来。收获的粮食需要被精心储存，以备来年之需。这是对全年生产的总结，更是对未来生活的保障。在农闲的时节，农民会思考过去一年的得失，为下一年的农耕做好计划和准备，进而畅想更美好的未来。

在这春耕、夏耘、秋收、冬藏的循环中，粮食生产的艰辛与不易被淋漓尽致地展现出来，粮食的伟大与重要在沧海桑田的变迁中得到彰显。那广袤的田野是生存的根基，那金黄的麦浪是生活的保障。荀子从治国方略的视角审视着四季循环与朝代更迭的关系：多少朝代的兴衰与粮食的丰歉息息相关。当五谷丰登时，百姓安居乐业，国家繁荣昌盛；当灾荒肆虐时，粮食短缺，社会动荡不安。因此，重视农业生产，出台各种政策鼓励农耕，保障粮食供应充足，自古以来就是"仁政"的核心理念。

无论何时农业生产始终是国民经济的基础，粮食安全始终是国家安全的命脉，农耕文化始终是中华文明的底色。敬畏自然、尊重劳动、珍惜资源，确保五谷不绝，百姓有余粮，国家才能安定，民族才会强盛。这是在这片土地上繁衍生息了上下五千年的中华民族，在历史更迭、沧海桑田的变迁中总结出的永恒真谛。

粮话

从春之播种到冬之储藏，每个环节都需精准把握时节、精心筹谋安排，这样才能实现五谷丰登。粮食生产如此，人生诸事亦如此，只有顺应时势、合理规划，才可收获富足与安宁，铸就美好未来。

尽地力之教

審時

事得

六曰氏農之道厚之爲寶斬木不時不折墼雖必穗
稼就而不穫穫得必遇天菑耡耰害夫稼爲之者人也
爲治生之者地也養之者天也是以人稼之容足輝
之容襦榑之容手數之間此之謂耕道具以得時
之木長桐而穗大本而莖殺洪或作小木根也莖
機禾穗其葉圓而薄糠豐滿米大也薄
多沃而食之彊彊有勢如此者不風風落也其米
葉帶芒以短衡穗鉅而芳奪秾米而不香奮宇
先時者蚤
或作後

《吕氏春秋》
（四部叢刊景明本）

为之者人

夫稼,为之者人也,生之者地也,养之者天也。是以人稼之容足,耨之容耨,据[1]之容手。此之谓耕道。

——《吕氏春秋·士容论·审时》(节选)

耕图(清·陈枚《耕织图册》)

译文

种植庄稼这件事,做的是人,让庄稼生长的是土地,滋养它的是天时。因此,人们在耕种时,要保证行距足够容纳双脚站立;除草时,要留出足够的空间让除草工具顺利使用;扶犁时,要确保手部有足够的操作空间。这就称作耕作的方法。

---

1 据:扶、握持。

《吕氏春秋》是战国末期秦国丞相吕不韦集结其门客共同编写的一部百科全书式著作。全书分为十二纪、八览、六论，共二十六卷，二十余万字，内容博大精深，涵盖政治、经济、军事、文化、科技、农业、手工业等诸多方面，是我国先秦时期一部重要的综合性典籍，具有极高的史料价值和思想文化价值。

在农业方面，《吕氏春秋》大力弘扬重农思想，认为农业发展关乎国家稳定、社会繁荣，并在《上农》《任地》《辩土》《审时》等篇章中详细论述了农业生产技术，包括土壤耕作技术，如休耕、因土种植等；种植方法，如种子选择、合理密植、株行距安排、覆土要求等；田间管理，如中耕除草、灌溉排水等。它还强调农时对农业收成的重要意义。

科学思维和实践智慧在《吕氏春秋》中广泛体现，人文精神也蕴含其中。《吕氏春秋》十分重视农业生产的三个关键要素——人、地、天的协调配合，认为只有将人的主观能动性与自然环境相结合，才能完成农业生产并取得效果，提出了著名的"为之者人也，生之者地也，养之者天也"的农业发展观点。三者的协调配合，可以体现在农功以时、播植以法、灌溉以宜、耕耨以勤等方面。

"农功以时"，扎根于古人对自然规律的深刻理解。古代虽无先进科技预测天气变化，但长期的实践让人们总结出与自然节律相契合的农事时间表，用来指导具体实践。顺应时令进行农业生产，益处很多，如江南地区的农民依据时令安排水稻种植，在合适的时节插秧、灌溉，可实现一年两熟甚至三熟，大大提高了粮食产量。这就是顺应时令获得丰收的典范。

"播植以法"，强调粮食种植需遵循正确的方法。种子的选择至关重要，饱满且无病虫害的种子是丰收的基础。播种深度、株距和行距也有讲究，过深过浅、过密过疏都会影响作物生长。例如，水稻种植时，插秧深度要适中，确保秧苗稳固且能顺利吸收养分；小麦播种时，行距需合理，保证每株麦苗都能获得充足的阳光和养分。此外，轮作、间作、套种等种植方法，都体现了古人的生产智慧。

"灌溉以宜"，水是农作物生长的关键要素，但灌溉需得法。不同农作物、不同生长阶段对水分需求不同。水稻生长需水量大，而小麦在某些阶段则需控制水量。古代农民通过长期观察和实践，掌握了不同农作物的需水规律，合理控制灌溉水量。灌溉方法多样，有渠道灌溉、水车灌溉、井灌等。南方多水地区，常利用渠道灌溉；北方缺水地区，则多采用水车或井灌。

"耕耨以勤"，农田的耕作和除草需勤奋。耕作可以疏松土壤，增加土壤的透气性和肥力。汉代赵过推广的代田法，通过深耕细作，提高了土地利用率和农作物产量。除草则能减少杂草与粮食作物争夺养分和阳光。农民常手持锄头，在田间辛勤劳作，确保农田无杂草侵扰。

长久的农耕实践，凝结出古代农学的高明智慧，通过《吕氏春秋》《齐民要术》《农桑辑要》等典籍代代传承，并通过农学家和农民不断总结创新，成为执政者重视农业、保障粮食安全的重要参考。

粮话

自然规律与科学方法是事物发展的基石，人的勤劳是达成目标的必由之路。在顺应自然、遵循规律的基础上，以科学之法行事，凭借不懈的勤奋努力，才能实现粮食丰收的愿景。

尽地力之教

《吕氏春秋》
（四部丛刊景明本）

躬耕帝籍

天子乃以元日祈谷[1]于上帝。

乃择元辰[2]，天子亲载耒耜，

措之参于保介之御[3]间，

率三公、九卿、诸侯、大夫，躬耕帝籍田[4]。

天子三推，三公五推，卿、诸侯、大夫九推。

——《吕氏春秋·孟春纪》（节选）

译文

天子在正月初一向上天祈求五谷丰登。于是选择良辰，天子在车上亲自装载耒耜，放在参乘——车右和御者之间，率领三公、九卿、诸侯、大夫，亲自耕种天子的籍田。天子推三下耒耜，三公推五下，卿、诸侯、大夫推九下。

---

1 **元日**：这里指吉日，一般认为是正月初一，是古代举行祈谷仪式的特定日期。 **祈谷**：古代祈求谷物丰收的祭祀典礼。 2 **元辰**：良辰，在"元日"基础上选择的更适合举行亲耕仪式的具体时辰。 3 **措**：放置。 **保介**：车右卫士。 **御**：指驾车的人。 4 **率**：率领、带领。 **三公、九卿、诸侯、大夫**：都是古代的官职或爵位。三公是辅佐天子的最高官员，九卿是中央各行政机构的长官，诸侯是分封各地的统治者，大夫是诸侯国内的高级官员。 **帝籍田**：简称"帝籍"或"籍田"，指天子象征性耕种的土地，生产的黍稷用以祭祀上天。

孟春之月，大自然从沉睡中缓缓睁开双眸，为新的一年注入无限生机与希望。据《礼记·月令》记载，此时"东风解冻，蛰虫始振，鱼上冰，獭祭鱼，鸿雁来"，万物复苏的迹象已清晰可见。

天子率领百官前往东郊，祭祀青帝，祈求风调雨顺、国泰民安。这场祭祀不仅是一种仪式，更是天子以天下为己任的庄严宣告：既彰显着对自然的敬畏，也饱含着对黎民百姓的深切关怀，更表达了天子引领国家走向繁荣昌盛的决心。

对于农业生产而言，孟春是非常关键的时节。土地初醒，亟待播种，天子以身作则，亲自带领三公、九卿、诸侯、大夫投身农耕。元日，新年伊始，天子向上天祈谷，渴望丰收的诚心可鉴。随后，选择元辰亲载耒耜，郑重地前往籍田。元辰，通常指的是天干地支相配中的吉日，古人通过观测星象、推算历法来确定合适的时辰，认为在这样的日子进行农事活动，能够顺应天时，获得更好的收成。在《尚书·尧典》中便有"历象日月星辰，敬授民时"的记载，体现了华夏先民将天文历法与农耕生产紧密结合的智慧。天子吉日良辰亲耕，是对时间的敬畏，也是对农业生产的身体力行，更是向天下传递出明确的信号：农业乃国家根本，不容忽视。

当天子率领群臣躬耕帝籍之时，场面庄重而神圣。天子三推耒耜，虽动作不多，但其尊贵地位与引领作用尽显；三公五推，肩负着政策制定与执行的重任；卿、诸侯、大夫九推，体现着承担地方治理与推动农业发展的职责。这不同的推数，并非简单的数字差异，而是等级制度与礼仪规范的生动展现，更是对农业生产重视程度的体现。《白虎通义》中对这种等级分明的耕作仪式解释道："王者所以亲耕，后亲桑何？以率天下农蚕也。"每一次耒耜的翻动，都好像在土地上镌刻下守护社稷根基的誓言，层层叠叠，构筑起古代农耕文明的精神图腾。

在那个古老的时代，人们对自然的力量充满敬畏，认为上天主宰着世间万物。天子元日祈谷，是希望获得上天的庇佑，确保土地肥沃、雨水充足，为农作物的茁壮成长创造有利条件。这种祈谷的古老祭祀，反映了当时人们对自然的依赖和对丰收的殷切期盼。从考古发现来看，殷商时期的甲骨文中就有大量关于祈雨、祈年的卜辞，可见这种对上天的祈愿由来已久,而《吕氏春秋》所记载的祈谷仪式,正是对这一传统的继承和发展。在周代,"郊祀"与"籍田"形成完整的体系,《诗经》中"千耦其耘"的宏大场面,正是对集体耕作的礼赞。从汉代开始,躬耕仪式逐渐制度化,将祭祀与耕作深度融合;唐宋时期,仪式规模更为宏大,还会举办"籍田宴"犒赏群臣,这种传承使农耕文化不断积淀升华,充分体现了古人通过仪式凝聚力量、共御自然的生存智慧。

躬耕帝籍的古老画面,如今已成为历史遗痕,但其中蕴含的重视农业、顺应天时的思想,与自然节奏相契合,与万众民心相契合,更与时代发展相契合。那轰轰烈烈的天子示范引领、官员各司其职、全民共同为农业发展努力的场景,永远是中华文明的高光时刻。

籍田图(元·王祯《农书》)

粮话

君王亲自春耕之举,是对粮食生产的身体力行,更是一种精神引领,象征着对大地的敬畏、对民生的关怀,激发百姓的劳动热情,凝聚众人之力,共筑粮食丰饶的希望。

尽地力之教

尊農夫農夫已貧賤矣故俗之所貴主之所賤也
吏之所卑法之所尊也上下相反好惡乖迕師古曰迕違也
好音呼到反惡音烏故反迕音五故反
而欲國富法立不可得也方今之務
莫若使民務農而已矣欲民務農在於貴粟貴粟
之道在於使民以粟為賞罰今募天下入粟縣官
得以拜爵得以除罪如此富人有爵農民有錢粟
有所渫師古曰渫散也音先列反此下亦同也 夫能入粟以受爵皆有餘
者也取於有餘以供上用則貧民之賦可損損減也
所謂損有餘補不足令出而民利者也順於民心
所補者三一曰主用足二曰民賦少三曰勸農功

《汉书》
（百衲本）

粟为赏罚

方今之务，莫若使民务农而已矣。

欲民务农，在于贵粟；贵粟之道，在于使民以粟为赏罚。

今募天下入粟县官，得以拜爵[1]，得以除罪[2]。

如此，富人有爵，农民有钱，粟有所渫[3]。

夫能入粟以受爵，皆有余[4]者也。

取于有余，以供上用，则贫民之赋可损，

所谓损有余，补不足，令出而民利者也。

——《汉书·食货志上》（节选）

译文

当今的要务，没有比让百姓致力于农业生产更重要的了。要想让百姓从事农业生产，关键在于使粮食贵重起来；使粮食贵重的方法，在于把粮食作为赏罚之物。现在招募天下百姓向官府缴纳粮食，可以得到爵位，可以免除罪过。这样，富人有了爵位，农民有了钱财，粮食也能得到分散流通。那些能够缴纳粮食来获得爵位的，都是有富余粮食的人。从有富余的人那里收取粮食，供朝廷使用，那么贫民的赋税就可以减少，这就是所说的调用富余弥补不足人家，政令一施行就有利于百姓。

---

1 拜爵：授予爵位。　2 除罪：免除罪行。　3 渫（xiè）：分散、流通。　4 余：富余、剩余。

秦末农民起义引发的社会动荡，致使经济遭到严重破坏，农业生产停滞不前，粮食短缺问题十分突出。于是在西汉建立之初，以汉高祖、汉文帝、汉景帝为代表的君王，就确立了重农抑商、轻徭薄赋、与民休息的政策，力求扭转颓势，兴业富国。

然而，粮食问题依然没有得到根本解决，社会经济环境仍然存在严峻的问题——"民贫，则奸邪生。贫生于不足，不足生于不农，不农则不地着，不地着则离乡轻家，民如鸟兽，虽有高城深池、严法重刑，犹不能禁也"。那时，在"无为而治"的政策下，商业逐渐兴起，商人势力日益壮大，他们通过囤积居奇、操纵物价等手段获取巨额利润。相比之下，农民的生活却格外困苦，生计艰难。由于商业利益的诱惑，百姓纷纷弃农从商。大量行如鸟兽的农民，顶着遭受重刑的风险离开农田，导致土地无人耕种，国家的粮食安全受到严重威胁，社会的稳定也面临巨大挑战。面对这些问题，作为臣子的晁错毅然决然地站出来为君分忧，为国献策，撰写了《论贵粟疏》。

晁错经过对时局的全面分析，在文章中明确强调"粟者，王者大用，政之本务"，指出农业对于国家稳定的重要性，认为只有让百姓重视农业、从事生产，才能确保国家的长治久安。而当时的社会环境却是，虽然执政者意识到了要重视农业，也支持农民从事农业生产活动，但社会风气却是嫌贫爱富、羡慕商人、不尊重农民。农民的社会地位和生活状况与商人相差悬殊。因此，晁错提出"贵粟"的主张，建议提高粮食的价值和地位，让农民从农业生产中获得更多的利益，引导百姓回归农业生产，保障国家的粮食安全和社会稳定。"贵粟"的主张，是对当时人们价值观的重新塑造。

实现"贵粟"的具体方法，就是将粮食作为赏罚之物。通过鼓励百姓向国家缴纳粮食，给予他们爵位或免除罪行的奖励，激发他们从事农业生产的积极性。富人通过购买农民的粮食并捐赠给国家而获得爵位，提升社会地位；农民通过缴纳粮食获得钱财，改善生活状况。同时，从执政者的视角来看，这是"损有余补不足"的宏观调控，促使粮食有了流通渠道，避免了积压浪费。国家收取粮食用于发展建设，粮食流通到了需要的地方。晁错还建议，首先满足边防用粮之需，而后满足内地用粮之需，最后免收农民的租税，减轻贫民的赋税负担，实现备战备荒、国富民康兵强的目的。

据《汉书·食货志》记载，晁错的"贵粟"政策被汉文帝采纳后，很快就产生了效果。由于富人纷纷购粮纳官受爵，汉文帝于当年就下令减免全国人民的"租税之半"；紧接着第二年即下令"除民田之租税"，时间长达十三年。这一壮举的出现，使历史真正步入了"文景之治"的盛世。富人的财富以不同形式转移到贫民和国家手中，生产力空前解放，社会空前繁荣：老百姓家给人足，各地府库皆有余财，"京师之钱累百巨万，贯朽而不可校。太仓之粟陈陈相因，充溢露积于外，腐败不可食。众庶街巷有马，阡陌之间成群……"。后来汉景帝虽然恢复了农业税，但从此确定了两汉极轻的税率——"三十而税一"。正是在"文景之治"、国富兵强的基础上，后来的汉武帝才有条件、有能力实现伟大抱负，彰显雄才大略，取得全方位的历史成就。可以说，晁错的"贵粟之疏"，为汉王朝的兴盛奠定了重要的思想和政策基础。

晁错的"贵粟"政策，引导社会资源向农业倾斜，有效调节了社会经济结构，具有创新之功。此外，晁错还曾建议通过削藩来巩固中央集权，因直接触动了诸侯王的利益，未能得到落实。汉景帝在各方压力下，为了平息叛乱，最终选择了腰斩晁错。晁错成为政治斗争的牺牲品，实属历史的遗憾。

粮话——"贵粟"，是对大地馈赠的珍视、对粮仓作用的肯定、对国计民生的保障。以农为先、仓廪殷实，就能够筑牢国家昌盛、民心笃定的坚固基石，这是社会长治久安的真理。

爱日第十八

《汉书》楚元王传刘向云：神明之应，应若景响，凫京房传云：古帝王以功举贤则万化成瑞应著三式云：神明之应瑞应可朞年而致也，可比郡而得也。神明瑞应可朞年而致也。

《后汉书》张纯传云：国以民为本，命崔实《政论》同管子入观篇云：民非谷不食，谷非地不生，地非民不动，民非作力毋以致财。《淮南子·主术训》云：食者民之本也，民者国之本也，国者君之本也。故人君上因天时，下尽地财，中用人力，周语云：丰殖九穀，孟子云：今治国之国之所以为国者以有民也，民之所以为民者以有谷也。谷之所以丰殖者以有功也，功之所以能建者以日力也。

民以谷为命，有疑人功衍字

民开暇而力有馀故其民舒以长故其民开暇而力不足所谓治国之日舒日促以短故其民困务而力不足所谓治国之日促

三 湖海楼本

《潜夫论》
（嘉庆湖海楼本）

日力建功

国之所以为国者，以有民也；
民之所以为民者，以有谷也；
谷之所以丰殖者，以有人功也；
功之所以能建者，以日力也。
治国之日舒以长，故其民闲暇而力有余；
乱国之日促以短，故其民困务而力不足。

——《潜夫论·爱日》（节选）

译文

国家之所以成为国家，是因为有百姓；百姓之所以成为百姓，是因为有粮食；粮食之所以能够丰收繁殖，是因为有百姓的功劳；功劳之所以能够建立，是因为长时间的劳作。治理得好的国家日子过得舒缓而长久，所以那里的百姓闲暇而力量有余；混乱的国家日子过得急促而短暂，所以那里的百姓穷困忙碌而力量不足。

东汉中后期，朝堂之上党争不休，乡野之间民力凋敝。一位隐居的学者，心怀社稷，以"日力"为核心构建了一套独特的治国理论，提出了对国家兴衰的独特思考——看似抽象的时间，竟是丈量治乱的一把标尺。

王符目睹了豪强兼并、徭役繁重的社会现实后，在文章中痛陈官僚系统侵占民时的弊端，对当时的政治腐败进行了直接控诉。他提出要"爱日"，即强调在遵循自然时序、农耕周期的同时，也要合理地分配社会时间。他观察到东汉社会大量人口脱离农业从事"游业""巧饰"等末业，导致经济失衡。这种畸形的经济结构使得"浮末者什于农夫"，真正创造粮食的劳动力却因"日力"被掠夺而难以维系生产。因此，王符将批判的矛头直指浮侈风气。

在清明的治世，官府为百姓划出耕作的节令、休憩的晨昏，农人得以遵循四时规律春种秋收。百姓无需为应付苛政而虚耗光阴。田垄间的老农可以安心看着禾苗抽穗，市井中的织妇能够从容地穿梭丝线，时间悠然，百姓泰然。这种秩序背后，蕴含着上古先王的治理智慧。王符推崇尧帝"敕羲和敬授民时"的天文官制度，将四时节律转化为行政准则；更称颂邵伯"棠下听讼"的典故，赞赏其"不忍烦民"的司法效率。

而当权力失序时，就出现了乱世中的荒诞图景：本应守护农耕的官府，反而成了掠夺时间的猛兽。小民为缴纳名目繁杂的赋税不得不变卖耕牛，农妇为申辩一桩土地纠纷而耽误了播种时机，青年为躲避徭役逃亡他乡而错过婚娶之期。更可悲者，连尽孝都成了奢望，那些疲于奔命的身影甚至挤不出为父亲送终的片刻。这种对时间的剥夺，让百姓陷入"力不足而生计竭"的恶性循环，正如王符所言："富足生于宽暇，贫穷起于无日。"从道德维度审视，这种困局导致了精神文明的崩塌——当"奸宄兴而役赋繁"，社会道德世风日下。王符将劳动时间与人性善恶相联结的思考，揭示出时间分配制度对伦理价值的深度影响："礼义生于富足，盗窃起于贫穷。"

对国家而言，最重要的是农业；对农民而言，最可贵的是时间。王符将粮食生产置于国家治理的核心位置，认为百姓是国家存续的基础，粮食是百姓生存的保障，而粮食丰产又依赖于有效的农业劳动，劳动效能则取决于合理的时间分配。因此，王符通过分析"民、谷、功、日"治国四要素，形成环环相扣的逻辑链条，提出重视百姓劳动时间的思想。王符认为，治国者当如农人敬畏天时般珍视民力，将百姓的时间视为珍贵的禾苗，用简政轻刑为其剪除莠草，以廉洁高效为其布施雨露。"治国之日舒以长"，他主张通过"君明察而百官治"消除无意义的行政耗损，节省出百姓实际可用的生产时间。当官府从"扰民者"转变为"护时者"，百姓的锄头便能翻动出更多优质的粟米，织机便能编织出更加稠密的绢布，市井的炊烟便会久久升腾。

　　王符传递了一个国家治理真谛：百姓手中的光阴，既是个人生计的种子，也是国家富强的根基。当权力过度挤压百姓劳动时间，看似攫取了眼前利益，实则是挖空了社稷的墙基；治国者要懂得：百姓多一刻耕耘，粮仓便多一斗粟米，天下便多一分安稳。

粮话——

一个社会的进步，不仅在于能创造多少财富，更在于能否让每个平凡的生命，在时光的长河里从容播种、安然收获。治国之道不在驾驭日月，而在敬畏百姓掌握的每一寸光阴。

尽地力之教

鄉老所惑郡證雖多莫可取據各附親知至有長短兩證徒具聽者猶疑爭訟遷延連紀不判良疇委而不開柔桑枯而不採饒倖之徒興繁多之獄作欲令家豐歲儲人給資用其可得乎愚謂今雖桑井難復宜更均量審其徑術令分藝有準力業相稱細民獲資生之利豪右靡餘地之盈則無私之澤乃播均於兆庶如阜如山可有積於比屋矣又所爭之田宜限年斷事久難明悉屬今主然後虛妄之民絕望於覬覦守

《魏书》
（百衲本）

民获资生

宜更均量[1]，审其径术[2]，令分艺有准[3]，力业相称[4]，细民[5]获资生之利，豪右靡余地之盈[6]。则无私之泽，乃播均于兆庶[7]，如阜[8]如山，可有积于比户[9]矣。

——《魏书·列传·李孝伯》（节选）

译文

应当重新进行公平的土地丈量，审查田亩的道路和界限，使土地的分配种植有标准，百姓的能力和所从事的产业相符合，普通百姓获得维持生计的资本，豪强大族没有多余的土地。这样无私的恩泽，就能广泛地施予广大百姓，财富就会像土山一样，可以积累到家家户户了。

---

1 **均量**：均匀地衡量、分配。 2 **径术**：方法、途径。 3 **分艺**：分配种植、经营。**准**：标准、准则。 4 **力业相称**：使百姓的能力和所从事的产业相匹配，让百姓能够胜任自己承担的生产任务。 5 **细民**：普通百姓、小民。 6 **靡**：无、没有。**余地之盈**：多余土地的盈余。 7 **兆庶**：百姓、民众。 8 **阜**：土山。 9 **比户**：家家户户。

农为天下之本，土地乃农业根基。

北魏太和年间，中原大地历经百年战乱，土地兼并已演变为动摇国本的社会痼疾。史载"豪右多有占夺""民因饥流散者十之八九"，以至"良畴委而不开，柔桑枯而不采"。普通百姓没有土地可种，生存之路被无情截断，生活陷入绝境。正是在这样的历史背景下，李安世叩响了土地改革的大门，其撰写的《均田疏》不仅重塑了北魏的农业格局，更为后世留下了关于土地、粮食与文明存续的长久思考。

北魏初年的土地危机，其实是游牧文明与农耕文明碰撞的结果。鲜卑贵族广建苑囿、畜养鸡犬的牧猎传统，与汉族豪强占夺膏腴的兼并之风交织，形成"富者田连阡陌，贫者无立锥之地"的困局。北魏太武帝时期，百姓"乞减苑囿以赐贫人"的呼声，昭示着土地问题已从经济领域蔓延为政治危机。李安世在奏疏中痛陈乱象，直接抨击这种土地所有权的混乱根源。当"地有遗利"与"民无余财"形成尖锐对立的时候，恢复农业生产已不仅是经济命题，更是关乎政权存续的考验。

李安世适时提出了均田制，首先要求"更均量，审其径术"，就是要重新丈量土地，细致规划分配之法。官府要考量不同地域的土地资源与人口疏密，制定精准合理的分配标准。或依山形地势，或依水源沃瘠，将土地公平地划分给每一户百姓，使耕者有其田，耘者有其地。从执政角度看，他力求构建起完整的土地管理体系。露田、桑田、麻田的细致划分，既保留了游牧民族"计口授田"的传统智慧，又融入了中原农耕文明"因地制宜"的治理经验。而"令分艺有准，力业相称"，则是对土地分配与人力利用的精妙谋划。百姓之才，各有所长，有的精于稼穑，有的擅于畜牧，有的长于桑麻。在分配土地时，官员应当洞察百姓之专长，使善耕者广拥良田，务牧者坐拥丰草之地，养蚕者遍植桑柘之园。并且土地的多寡，应该与百姓的劳作能力相得益彰。力强者可以多得土地以尽其能，力弱者也要有适量土地来保生计。这样的话，人尽其才、地尽其用，粮食生产效率就可大幅提升。李安世创造性地将劳动力要素纳入土地分配体系，这种"力业相称"原则的提出，是中国古代土地思想的重要成果。

均田制的深层意义，在于构建起国家、豪族与小农的三角平衡关系。通过"桑田世业"的制度设计，男子十五岁以上，受露田四十亩，桑田二十亩；妇人受露田二十亩。露田不得买卖，身死归还官府，桑田则可世代相传，既保障基本生存权益，又培育稳固的自耕农阶层。而"露田年老还授"的循环机制，则使国家始终保有土地调控能力。这种产权安排，既不同于秦汉的完全私有，也不同于西晋占田制的放任，可以说是古代土地制度的精巧创造。

从文明演进视角审视，均田制的推行标志着北魏政权完成了从军事征服到文治教化的蜕变。当鲜卑贵族开始关心如阜如山的粮食储备，当"劝课农桑"成为官员的考核标准，当百姓得以在自己的土地上挥洒汗水，春种秋收，夏耘冬藏，粮食盈仓，衣物蔽体，生活渐趋安稳，游牧文明最终在黄土地上找到了新的生存根基。

"力业相称"是一种令人向往的治理境界。李安世在奏疏中描绘的图景，不仅是对粮食丰饶的祈盼，更是对文明存续的深刻认知——让每个家庭都能在土地上安身立命，让国家粮仓充盈如山，那么文明的火种便能在历史的惊涛骇浪中永续传承。

粮话——

国家重视土地制度，合理分配土地资源，百姓才能安居乐业。让爱民的阳光洒遍每一寸土地，让粮食的芬芳弥漫每一个角落，让历史的车轮在重视农业的道路上滚滚向前，续写民生幸福、国家富强的辉煌篇章。

尽地力之教

教也先王之所以移風易俗還淳反素垂拱而治
天下以至太平者莫不由此此之謂要道也其三
盡地利曰人生天地之間以衣食為命食不足
則饑衣不足則寒饑寒切體而欲使民興行禮
讓者此猶逆坂走丸勢不可得也是以古之聖
王知其若此故先足其衣食然後教化隨之夫
衣食所以足者在於地利盡地利所以盡者由
於勸課有方主此教者在乎牧守令長而已民
者冥也智不自周必待勸教然後盡其力諸州

《周書》
（百衲本）

劝课有方

夫衣食所以足者,在于地利尽。地利所以尽者,由于劝课[1]有方。主此教者,在乎牧守令长[2]而已。

——《周书·苏绰传》(节选)

田庐生活图(元·王祯《农书》)

译文 人们的衣食之所以能够充足,在于土地的效益能够充分发挥。土地的效益之所以能够充分发挥,是因为鼓励督促农业生产的方法得当。主管这种教化的人,不过是州牧、太守、县令、县长罢了。

1 劝课:鼓励与督责。　2 牧守令长:古代地方官员的统称。

在边镇动乱、农民起义和权力争斗的多重影响下，北魏分裂成为东魏北齐和西魏北周。西魏北周控制黄河以西的关陇地区，国土狭小，国弱民贫。然而，身为鲜卑族的执政者宇文泰，锐意改革，追求强国富民之道，大胆任用汉族士人苏绰等推行一系列新政策，成效显著。

苏绰提出的治国方略，比较有代表性的是"六条诏书"，内容包括："先治心"，执政者要以身作则，加强个体道德修养，做到"清心"；"敦教化"，要宣扬道德文化教育，培养人民俭朴、慈爱、和睦、敬让的品质；"尽地利"，要重视发展经济，"劝课农桑"，不违农时，鼓励农业生产；"擢贤良"，要选贤任能，不拘资历和门第，善于发掘人才，并且，精简机构，罢黜冗员；"恤狱讼"，要明断狱案，不能滥施刑罚，而要"随事加刑，轻重皆当"；"均赋役"，要均平赋役，调济贫富，不可舍豪强而征贫弱。

"六条诏书"所陈之策，对整饬当时社会局面以及恢复发展国力有正向作用。尤其是苏绰抓住了农耕社会的生存逻辑与治理精髓——百姓丰衣足食的根基在于土地效益的充分挖掘，而土地效益的发挥则依赖于地方官员的"劝课有方"。这一思想，是苏绰政治实践的总结，为后世留下了关于农政与民生关系的深刻启示。

苏绰的"劝课"思想，建立在对人性的深刻洞察之上。他深知"民以食为天"，如果百姓饥寒交迫，那么礼乐教化就如同空中楼阁。他在诏书中说："饥寒切体，而欲使民兴行礼让者，此犹逆坂走丸，势不可得也。"这一比喻生动揭示了物质基础与精神教化的辩证关系。古之圣王之所以能移风易俗，都是建立在"先足其衣食，然后教化随之"的基础之上。苏绰将这一逻辑提炼为"尽地利"的核心观点，提倡追求土地产出最大化，实现"仓廪实而知礼节"。

而"尽地利"的关键，在于地方官员对农时的精准把控。每年年初，州官、郡官、县官须"戒敕部民，无问少长，但能操持农器者，皆令就田"。这种全民动员的耕作模式，既包含对劳动力的充分利用，也暗含对自然规律的敬畏。春耕、夏耘、秋收三时，被苏绰称为"农之要"，稍有延误便可能导致"谷不可得食"。地方官员的职责，便是将农事视作如"援溺、救火、寇盗之将至"一样紧迫的任务，督促百姓全力以赴。此外，在全力"劝课农桑"的同时，他还强调"为政不欲过碎，碎则民烦；

劝课亦不容太简,简则民怠"。这种"适烦简之中"的执政理念,既避免了苛政扰民,又防止了懒政误农。

苏绰的"劝课"政策不是简单粗暴的强制劳动,而是兼具制度约束与人文关怀的智慧体系。他提出要严明奖惩,以儆效尤。对于"游手怠惰,晚出早归"者,地方官员需"随事加罚,罪一劝百"。这种"罚懒"机制,既维护了农耕秩序,也树立了勤勉务农的社会风气。他还倡导互通有无,兼济贫弱。针对"单劣之户,及无牛之家",苏绰主张"劝令有无相通"。如对于那些春耕时缺乏耕牛的农户,可通过邻里互助或官府协调借用农具,避免因资源匮乏耽误农时,这是一种"扶贫"思维。另外,他鼓励因地制宜,发展副业。农闲时节,官员需引导百姓"种桑、植果、艺其菜蔬、修其园圃、畜育鸡豚"。这种"以副补农"的策略,既增加了百姓收入,又发挥出土地与时间的最大效益,可谓古代版的"多元化经营"。

在苏绰的治理框架中,地方官员是"劝课"成败的核心。"牧守令长"不仅需要具备督促农耕的执行力,更需以身作则、清廉爱民。为此,他特别强调官员选拔须"擢贤良",摒弃"但取门资"的旧习,选拔"有材艺而以正直为本者"。只有德才兼备的官员,才有能力将"劝课"政策转化为惠及万民的实在福祉。

苏绰去世以后,宇文氏集团继续采纳苏绰提议的国策治国,使得西魏北周由弱变强,最终灭亡北齐,统一北方,并为全国的大一统奠定了坚实的基础。

粮话——

"劝课",要正视物质基础与精神教化的辩证关系;"有方",要兼顾制度约束与人文关怀。通过精准施政、贤能任用,实现土地效益最大化与社会公平,这种以民为本、科学治理的思想是国家长治久安的根本之道。

尽地力之教

達至乃倚馬郎乘馬則紲勒之及侯景之亂膚
脆骨柔不堪行步體羸氣弱不耐寒暑坐死倉
猝者往往而然建康令王復性既儒雅未嘗乘
騎見馬嘶歕陸梁莫不震懾乃謂人曰正是虎
何故名為馬乎其風俗至此一本無自建康令
　　　　　　　　　　　　王復已下一段
古人欲知稼穡之艱難斯蓋貴穀務本之道也
夫食為民天民非食不生矣三日不粒父子不
能相存耕種之茠鉏之刈穫之載積之打拂之
簸揚之凡幾涉手而入倉廩安可輕農事而貴

《颜氏家训》
（知不足斋丛书本）

几涉入仓

耕种之,薅锄[1]之,刈获[2]之,载积之,打拂[3]之,簸扬[4]之,凡几涉手[5],而入仓廪,安可轻农事而贵末业哉?

——《颜氏家训·涉务》(节选)

入仓图(元·程棨《摹楼璹耕作图》)

> **译文**　要耕种、除草松土、收割、装载积聚、拍打拂去杂物、簸扬筛选,总共要经过几道工序才能把粮食收入粮仓,怎么可以轻视农业而看重工商业呢?

---

1 薅(hāo)锄：除草和松土。　2 刈(yì)获：收割。　3 打拂：拍打、拂拭,这里指对收割后的庄稼进行拍打等处理,以去除杂质、使谷物脱粒等。　4 簸扬：用簸箕扬去谷物中的糠秕、尘土等杂物。　5 涉手：经手。

耕种、薅锄、刈获、载积、打拂、簸扬、入仓廪……

在漫长而又充满艰辛的农业生产过程中，农民日复一日、年复一年，迎着晨曦而出，伴着暮色而归，与土地相依相伴，不离不弃。无论是狂风骤雨的侵袭，还是烈日炎炎的炙烤，都无法阻挡他们劳作的脚步。他们的双手因长期辛勤劳作而布满厚厚的老茧，那是岁月与土地留下的深刻印记；他们的脊背也在沉重负担下逐渐弯曲，然而他们的信念却坚定如一，未曾放弃。因为他们深知，粮食对于生命的意义非凡，它关乎着家族的延续、社稷的安稳与繁荣。

相较而言，南朝士族的生存状态就与农民形成了鲜明反差。自晋室南渡后，士大夫阶层大多沉溺于"清谈玄学"的虚无世界之中，他们崇尚精神上的超脱自由，却对关乎国计民生的实际事务漠不关心，农业生产更是被视作低贱粗鄙之事。从务实的角度看，士大夫阶层已经陷入了双重迷失：既不知"几月当下，几月当收"的农时规律，又丧失了理解现实世界的实践根基。颜之推身处这一乱世，目睹社会种种怪象与弊端，心中满是忧虑与不安。于是，他大力倡导务实之风，高声疾呼重视农业生产的重要性。他以质朴的笔触，罗列了农耕生产的工序。这不仅是对农业流程的客观记录，也是对土地伦理的深沉礼赞，更是向"未尝目观起一坡土，耘一株苗"的南朝士族社会发出的厉声呵斥。

颜之推的农本思想展现出了难得的清醒。他并非要求贵族"荷锄戴笠"从事体力劳动，而是主张"知稼穑之艰难"的认知革新。这种"知"并非浮光掠影的田园想象，而是建立在具体生产实践的理性基础之上：理解薅锄的工序，需要区分禾苗与稗草，意味着培养观察细节的能力；掌握打拂、簸扬的技术要领，是在训练解决问题的逻辑思维。这种将农耕经验转化为思维训练的方法，暗合王弼"体物入微"的哲学理念，却又突破了玄学"得意忘言"的虚无倾向。颜之推还在《颜氏家训·涉务》篇中强调"君子当守道崇德，蓄价待时"，将农业生产中"春种秋收"的时序规律，升华为士人安身立命的基本准则，使物质生产与道德修养在实践层面获得统一。

对"贵末业"的批判，则暴露出他更复杂的社会焦虑。颜之推敏锐地察觉到，当"市井之业"取代"力田之本"成为社会价值导向时，不仅会导致"谷帛浸轻"的经济失衡，更会瓦解"贵谷务本"的文化伦理。这种担忧在《颜氏家训·勉学》中得到延续：那些认为"耕田不如逢年，仕宦不如遇合"的投机心态，本质是对"力耕不欺"朴素真理的背离——土地不会辜负汗水，但市场充满不确定性，这种价值冲突正在摧毁社会的基本诚信。

历史的反讽在"侯景之乱"中达到顶点。那些"肤脆骨柔，不堪行步"的士大夫，在战乱中仓皇失措。《梁书·侯景传》记载的"纵兵杀掠，交尸塞路"的惨状，与王谢子弟"三日不粒，父子不能相存"的窘迫形成残酷对照。他们平日轻视的农耕劳作，是维系生命韧性的基础，而在关键时刻他们却失去了依托。

颜之推在《观我生赋》中自述"一生而三化，备荼苦而蓼辛"，这种饱经离乱的生命体验，使他比任何人都更懂得土地承载的文明重量。那些嵌入"几涉手"动词链中的，不仅是粮食生产的工序环节，更是一个民族在动荡中坚守的价值底线。每一粒粮食都镌刻着文明史诗，都凝结着对天地四时的无限敬畏。

粮话——

耕种时播下的希望的种子，历经薅锄、刈获、载积、打拂、簸扬、入仓廪等诸多环节，凝聚着无数人的心血。领悟农业生产的艰难困苦与粮食的弥足珍贵，是中华民族重视农业、尊重劳动、务实进取的优良精神传承不息的重要原因。

尽地力之教

其用以此持論頗蓋堅歲戊申江以南大無麥禾欲以樹藝佐其急且備異日也有言閩越之利甘藷者容甫田徐生為子三致其種之生且蕃罥無異破土庶幾哉橘踰淮弗為枳矣余不敢以麋鹿自封也欲徧布之恐不可戶說輒以是疏先焉

別錄　增物類相感志　手植如手鋤鍬等物植隨本物形狀

原　種植諸宜高地沙地起眷尺餘種在眷上遇旱可汲井澆灌即遇潦年若水退在七月中氣候既不

《广群芳谱》
（钦定四库全书本）

种之甘薯

岁戊申，江以南大水，无麦禾，
欲以树艺佐其急[1]，且备异日[2]也，
有言闽越之利甘藷[3]者，
客莆田徐生为予三致其种，
种之，生且蕃[4]，略无异彼土。

——《广群芳谱·甘藷疏序》（节选）

译文

戊申年，长江以南发生大水灾，麦子和稻子没有收成。（我）想用种植来辅助解决当前的急需，并且为将来做准备。有人说起福建、广东一带种植甘薯有好处，客居在莆田的徐生多次为我弄到甘薯的种子。我种下后，甘薯生长得很繁茂，和那些地方的甘薯没有什么不同。

---

1 **佐其急**：帮助解决眼前的急切困难。 **佐**：辅助、帮助。 2 **备异日**：为将来做准备。 **异日**：指将来、日后。 3 **藷**（shǔ）：同"薯"。 4 **蕃**：茂盛、繁多。

万历三十六年（公元1608年），江南遭遇特大水患，曾经生机勃勃的田野颗粒无收。"江以南大水，无麦禾"的惨状让江南地区甚至整个国家陷入严峻的粮食危机之中。灾难不仅造成饿殍遍野的惨剧，更让时任翰林院检讨的徐光启意识到：解决粮食问题刻不容缓。正是在这样的历史背景下，他将目光投向新传入的美洲作物——甘薯，通过引种、试验和推广，开启了中华农业史上具有里程碑意义的救荒实践。

当时，徐光启听闻在闽、越之地，甘薯展现出诸多令人瞩目的优势。甘薯远渡重洋而来，凭借其适应性强、产量高以及营养丰富等特点，在传入后逐渐崭露头角。客居莆田的徐生深知徐光启的急切之心，不辞辛劳，三次为他带来甘薯种苗。然而历程却很艰辛：首次通过木桶运载薯藤，但因保鲜不当失败；第二次改进运输方式，用湿沙包裹藤蔓；第三次则结合前两次经验，终将薯种成功运抵上海。此后，徐光启采用九月畦种、沙壤排水、分段剪藤等方法栽培，人称"松江法"。

令人欣慰的是，经过多次试验，甘薯在新土地上展现出顽强的生命力，它们生长迅速，繁殖能力极强，其生长态势与在闽、越之地相比，并无明显差异，最终实现了"生且蕃，略无异彼土"的突破，亩产达数十石，验证了甘薯跨区种植的可行性。这一振奋人心的成果，让徐光启看到了解决粮食问题的希望，也更加坚定了他大力推广甘薯种植的决心。当传统的麦禾等作物在自然灾害的重重打击下显得脆弱不堪时，徐光启没有因循守旧，而是以敏锐的洞察力，精准地捕捉到了甘薯所蕴含的巨大潜力，开辟出了新道路。

徐光启还以科学严谨的态度，持续对甘薯展开了全面而深入的研究。他深知，要让甘薯真正成为拯救百姓于饥荒的"济世良方"，就必须透彻地掌握其生长特性与科学的种植方法。甘薯拥有耐旱、耐瘠薄的独特品质，即使在那些土壤贫瘠、水源匮乏的恶劣环境中，依然能够顽强地生长。这一特性，对于遭受自然灾害肆虐的地区而言，无疑是大自然赐予的一份珍贵礼物。他详细地记录并广泛推广甘薯的种植要点。在土地选择方面，他强调要尽可能挑选那些肥沃且具备良好排水条件的地块，如此才能为甘薯的生长提供适宜的土壤环境。播种时机的把握也至关重要，应选择气候温暖、阳光充足的时节播种，以确保甘薯种子能够顺利发芽、茁壮成长。而在施肥与田间管理环节，要做到合理施肥，根据甘薯不同的生长阶段，精准地提供所需养分；同时，还要及时除草防虫，保证甘薯生长过程不受干扰。徐光启将对甘薯的研究写入《农政全书》中，还写了一篇《甘薯疏序》，成为世人了解甘薯的"说明书"。

甘薯的推广种植，在历史的长河中留下了浓墨重彩的一笔，产生了深远的影响。从实际效果来看，它在一定程度上缓解了当时令人揪心的粮食短缺问题，为无数挣扎在饥饿边缘的百姓提供了食物来源，成为他们生存下去的希望。至公元18世纪，甘薯种植北达山东、西至湖南，更被列为国家救荒作物。据《畿辅见闻录》记载，浙东沿海"高山海泊无不种之，贫民以此为粮之半"，有效缓解了康乾盛世人口激增的压力。随着时间的推移，甘薯在中国的广袤大地上逐渐扎根生长，遍布各地，为国家的粮食安全构筑起了一道坚不可摧的防线。

徐光启推广甘薯图（《中国古代农业科学家小传》）

粮话

甘薯在中华大地上广泛生长，得益于徐光启的如炬慧眼和创新实践。敢于突破陈规、尊重科学、持续探索，是在危机中寻得生机、在黑暗中寻找光芒、在困厄中寻到启迪的宝贵经验。

尽地力之教

储积备乏绝

丰年岁登,则储积以备乏绝;

凶年恶岁,则行币物;流有余而调不足也。

——《盐铁论·力耕》(节选)

| 九年之蓄 —— 097
| 重粟之价 —— 101
| 粟种无生 —— 105
| 平粜齐物 —— 109
| 积足人乐 —— 113
| 储之闾巷 —— 117
| 互市交易 —— 121
| 预备之政 —— 125
| 海运既通 —— 129
| 留心筹划 —— 133

美没礼也惟其制用有一定之则是以岁有丰凶而
礼无奢俭此记者之言杂记云凶年祀以下牲孔子
之言也
国无九年之蓄曰不足无六年之蓄曰急无三年之蓄
曰国非其国也三年耕必有一年之食九年耕必有三
年之食以三十年之通虽有凶旱水溢民无菜色然后
天子食日举以乐
饥而食菜则色病故去菜色杀牲盛馔曰举周礼王

《礼记》
（四库全书本）

九年之蓄

国无九年之蓄，曰不足；

无六年之蓄，曰急；

无三年之蓄，曰国非其国也。

三年耕，必有一年之食；

九年耕，必有三年之食。

以三十年之通[1]，虽有凶旱水溢，民无菜色[2]。

——《礼记·王制》（节选）

> **译文**
>
> 一个国家如果没有九年的粮食储备，就称作储备不足；如果没有六年的粮食储备，就称作储备危急；如果没有三年的粮食储备，就称不上是真正的国家了。耕种三年，一定要储备够一年的粮食；耕种九年，一定要储备够三年的粮食。用三十年的周期来统筹粮食，即使遇到饥荒、旱灾、水灾，百姓也不会面有饥色。

---

1 通：贯通、统筹计算。　2 菜色：比喻因饥饿而面色青黄的样子。

粮仓的丰盈程度，是衡量国家命脉的标尺。

农业是"靠天吃饭"，若洪水、干旱、蝗虫等自然灾害频发，将严重威胁农业生产。一场洪水，能瞬间将大片肥沃农田化作泽地，庄稼尽毁；持续干旱，土地干裂，农作物难以存活；蝗虫过境，更是如黑色风暴，所到之处农田被啃食得只剩残梗。此外，战争也是破坏农业、消耗粮食的巨大威胁。军队征战需大量粮草，战争导致的难民急需粮食救济。如果粮仓里的粮食，没有三年的储备，那么国家就无法立足；没有六年的储备，国家就面临危急；没有九年的储备，国家就会处于物资不足的境地。无论是面对天灾还是人祸，没有一定粮食储备，国家将无力保障民众的基本生活需求，人们将陷入饥饿贫困境地，社会秩序也将面临崩塌。《礼记·王制》中的论断，凝结了古代执政者对农耕社会生存规律的深刻认知，更映射出先秦时期政权存续与粮食安全之间的密切关联。

周人以农立国，典章制度多围绕"食"字展开。周王室设"仓人"专门掌管粮储，各诸侯国也搭建"囷仓"以纳田赋，还建立了遍布王畿的储备网络。可见，周代着重强调粮食储备对国家应对危机的关键作用。黄河流域的灾害频繁，据《史记·货殖列传》记载，关中之地"岁收不过百石"，而大饥之年"人相食"。春秋时期谋士计然曾测算："六岁穰，六岁旱，十二岁一大饥"，因此，粮食储备需要覆盖一定灾变周期，才能维系国本不坠。

到了春秋战国时期，诸侯征伐加剧了粮食安全危机。齐桓公伐楚，管仲以"买鹿制楚"之计断绝楚人粮道。魏国李悝作"平籴法"，丰年官府籴粮，荒年粜粮抑价，正是对粮食储备标准的实践延伸。秦国进行了"商鞅变法"，将"农战"定为国策，使得粮仓堆积如山，为最终扫灭六国奠定了物质根基。这些史实都印证了先秦政治家已深谙粮食储备对社稷的决定性意义：没有粮食储备的国家就像沙上筑台，旦夕可覆。

秦汉以后，仓储制度日趋严密，但其精神内核始终没有脱离《礼记·王制》的框架。汉武帝时，桑弘羊创"均输平准法"，在各郡国设仓"以给京师、备凶荒"；隋唐两代，含嘉仓、洛口仓等巨型粮窖的储量动辄数百万石，遗址中至今可见炭化的粟米。北宋王安石推行"青苗法"，虽争议颇多，但他所倡导的"春贷秋偿"模式可以视作储粮备荒的变体。

明清时期，预备仓、常平仓、义仓交织成网，雍正帝甚至将州县仓廪的"实虚"列为官员考核的指标。千百年来，储备粮食的观念深入人心，代代相传。在政治上，历代执政者将粮食安全视为国家战略重点，制定政策推动农业发展。在经济上，粮食储备制度不断完善，为国家建设提供支撑。在文化上，重视粮食储备已成为中华民族的传统美德，影响着人们的价值观与行为习惯。这些跨越千年的实践，如同层层年轮，将粮食储备的古老智慧刻入中华文明的基因之中。

居安思危，粮安天下。在变幻莫测的自然与社会风险中，只有握紧粮柄，才能在风雨来袭时护住文明的火种。这种穿越千年的生存智慧，正是中华文明绵延不绝的关键密码。

仓廪图（元·王祯《农书》）

粮话
——
重视粮食储备，既是对自然无常与世事变幻的深刻洞察，也是居安思危智慧的生动诠释。珍视粮食、未雨绸缪，才能在岁月的跌宕起伏中守护国家安宁，延续文明的蓬勃生机。

桓公曰吾欲殺正商賈之利而益農夫之事為此有道乎管
子對曰粟重而萬物輕粟輕而萬物重兩者不衡立故殺正
商賈之利而益農夫之事則請重粟之價金三百若是則田
野大辟而農夫勸其事矣桓公曰重之有道乎管子對曰請以
令與大夫城藏使卿諸侯藏千鍾令大夫藏五百鍾列大夫
中大夫
下大夫藏百鍾富商蓄賈藏五十鍾内可以為國委外可以益
農夫之事桓公下令卿諸侯令大夫城藏農夫辟其五
穀三倍其賈則正商失其事而農夫有百倍之利矣
桓公問於管子曰衡有數乎管子對曰衡無數也衡者使物
壹高壹下不得常固桓公曰然則衡數不可調耶管子對曰
不可調調則澄澄則常常則高下不貳高下不貳則萬物不
可得而使固桓公曰然則何以守時管子對曰夫歲有四秋

《管子》
（四部丛刊景宋本）

重粟之价

粟重而万物轻[1]，粟轻而万物重，两者不衡[2]立。故杀正[3]商贾之利，而益农夫之事，则请重粟之价釜三百。

若是则田野大辟，而农夫劝其事矣。

——《管子·轻重乙》（节选）

译文

粮食的价格高了那么万物的价格就低，粮食的价格低了那么万物的价格就高，两者不能平衡并存。所以削减整顿商人的利润而增加农民的收益，那么就请把粮食的价格提高到每釜三百钱。如果这样做，那么田野就能被大量开垦，农民也会努力从事农业生产了。

---

1 重、轻：指价格的高、低。 2 衡：本义为"秤"，引申为"平衡"，此处指价格均衡状态。 3 杀：削减、抑制。 正：整顿、规范。

在铁器初兴、列国争雄的春秋之际，管仲将粮食价格的波动置于国家治理的核心，构建起一套超越时代的调控体系。当齐桓公采纳管仲的"轻重之术"而成为霸主时，支撑霸业的不仅是兵车甲胄，更是粮仓中沉甸甸的粟米。

在农耕社会中，粮食既是百姓的生存根基，也是手工业生产的成本基础。当粮食丰收时，市场上粮食充裕（"粟轻"），农民为换取货币不得不贱卖粮食，导致货币购买力上升，其他商品价格随之高涨（"万物重"）；反之，如果遇到灾年粮食短缺（"粟重"），百姓为果腹竞相购粮，货币购买力就会下降，其他商品反而贬值（"万物轻"）。这种看似矛盾的现象，实则暗含了古代小农经济体系中劳动价值传导的隐秘链条——粮食价格通过影响劳动力成本、生产资料价格，最终牵动整个商品市场。《管子·乘马数》以"谷独贵独贱"揭示这种特殊规律，也正如司马迁在《平准书》中记载的"物踊腾粜"，价格波动之网始终以粟米为纲。

管仲敏锐地捕捉到了这一规律，提出"杀正商贾之利，而益农夫之事"的调控策略，主张将粮价提高至"金三百"，即每釜粮价增加至三百钱，使农民获得更多收益。这种看似简单粗放的价格调节，展现的是重构利益分配的政治智慧：当商贾阶层利用丰歉差价"乘民之不给，百倍其本"时，国家通过垄断粮食储备，在"敛之以轻"与"散之以重"的波动中截取暴利，再将部分利润通过高价收粮反哺农民，以此激发农民开垦荒地的积极性。

为实现"田野大辟，而农夫劝其事"的目标，管仲的政策工具远不止于价格调节。他提出"相地而衰征"的土地税赋制度改革，按土地肥瘠进行分级征税；推行"四民分业"制度，令农民"群萃而州处"，世代专精农事。《管子·度地》篇详述沟渠疏浚之法，《管子·地员》篇分析土壤种植之宜，这种将农学纳入治国方略的思维，是"科技兴农"的源头，有助于保障粮食供应。他还主张发展与农业相关的手工业，如农具制造、纺织等，提高农业生产效率与民众生活水平。另外，他创造性地运用"予夺之术"，强制卿大夫封君"藏粟千钟"，富商蓄贾"藏粟五十钟"，通过分级储粮改善粮食市场的恶性竞争。这种"聚则重"的调控手段，在汉代演变为常平仓制度。耿寿昌在边郡"谷贱时增其价而籴，谷贵时减其价而粜"的做法，可以说是管仲思想的嫡传。

更具战略眼光的是，管仲将粮食优势转化为地缘政治武器，通过粮食外交成就了齐国霸业，实现了"不战而屈人之兵"。据《管子·轻重戊》记载，鲁、梁两国是齐国的两个邻国，也是齐桓公称霸大业中的两个强劲对手。管仲就如何灭掉鲁、梁两国向齐桓公献计，提出要使两国放弃农业生产而依靠向齐国大量供应绨来发财致富。齐桓公接受了管仲的建议，通过政令使鲁、梁的特产绨在齐国的价格飞涨，诱使鲁、梁两国的国君下令：要求全国百姓生产绨而放弃农业生产。第二年，齐国又通过政令的形式禁止齐人穿绨而改穿帛，并封闭关卡，断绝与鲁、梁两国的经济往来。此时，鲁、梁两国早已因全民织绨而荒废了农业生产，粮食难以自给，结果是两国相继发生严重饥荒，不得不购买高价粮以维持生存，致使"鲁梁之民饿馁相及"，两国只能无奈地屈服于齐国。

总之，管仲从政治、经济、技术、制度、军事等多方面系统探讨了如何保障粮食安全，其思想在《管子》一书中可见一斑，展现了他对经济规律的深刻认识和国家宏观管理的智慧，为后世安邦治国提供了诸多有益借鉴。

粮话

粮食在经济体系里占据核心地位，其价格与万物价格相互制衡，影响着经济稳定。重视粮食生产与价格调控，平衡各行业利益，这是跨越时代的经济治理哲学，也是保障国家长治久安的重要遵循。

储积备乏绝

《吴越春秋》
（吴琯刻本）

粟种无生

越王粟稔[1]，拣择精粟而蒸，还于吴，复还斗斛[2]之数，亦使大夫种归之吴王。王得越粟，长太息，谓太宰嚭曰："越地肥沃，其种甚嘉，可留使吾民植之。"于是吴种越粟，粟种杀[3]而无生者，吴民大饥。

——《吴越春秋·勾践归国外传》（节选）

译文

越王借来的粮食获得丰收，挑选精细的粮食蒸熟后送还给吴国，送还的数量也和原来的斗斛数一样，还派大夫文种把粮食归还给吴王。吴王得到越国的粮食后，长久地叹息着对太宰嚭说："越国的土地肥沃，他们的种子非常好，可以留下让我们的百姓种植。"于是吴国种植越国的粮食，但是这些粟种都被蒸熟了不能生长，吴国的百姓遭遇大饥荒。

1 稔（rěn）：意为庄稼成熟。 2 斗斛（hú）：古代的量器，十斗为一斛，这里指计量粮食的数量。 3 杀：此处指粟种因被蒸熟而失去活性，无法发芽生长。

吴越两国地处东南沿海，凭借其扼守长江入海口的战略位置和鱼盐之利的丰饶物产，在春秋争霸的漩涡中展开了持续博弈。不仅成就了"卧薪尝胆"的悲壮史诗，更上演了"蒸粟灭吴"的经典历史案例，其间的智谋较量至今仍令人拍案叫绝。

据《吴越春秋》记载，勾践兵败会稽后，采纳文种"灭吴九术"中的"贵籴粟槁，以空其邦"策略，将粮食战略作为国家复兴的核心。在范蠡的指导下，越国"内蓄五谷"，大兴农事，修建粮仓，使粮食收成激增，为后来的粮食暗战奠定了基础。

公元前484年，文种上演了一出精心编排的政治戏剧。他率领越国使团身着素衣，在吴国宫门外长跪三日，假借"水旱不调，年谷不登"之名恳请吴国借粮。其悲情陈词，字字泣血，令殿中大臣无不动容。只有伍子胥识破其中玄机，当庭驳斥。然而，夫差的优柔寡断最终主导了决策。这位刚愎自用的君主，既想彰显自己的霸主仁慈，又被太宰嚭"越人感恩必效忠"的言语迷惑，竟不顾伍子胥"养虎遗患"的忠告，强行调拨万石粮种。当越国使者将这批救命粮分发给百姓时，饥民"无不颂德"的欢呼声，更像是对吴国的讽刺。这种"贵籴空邦"的计策，既纾解了越国燃眉之急，又悄然削弱了吴国的战略储备，可谓一箭双雕。

至次年越国丰收，勾践面临信用与利益的两难抉择。归还粮食，会削弱自身实力；不还，则失信于天下。关键时刻，文种献出计谋——"择精粟，蒸而与之"，既保全归还之名，又损毁育种之实。越国工匠们将精心挑选的粟米进行蒸煮，彻底破坏了种子活性。当这批颗粒饱满的"良种"被送往吴国之后，吴国臣民满心欢喜地将其播撒田间，丝毫未察觉其中暗藏的杀机。夫差对越粟还发出赞叹："越地肥沃，其种甚嘉……"于是命令全国推广种植。而太宰嚭或许出于讨好夫差，或许被越国表象迷惑，并没有引起警惕，更没有扭转夫差的错误决策。这种认知错位，为日后灾祸的发生埋下了伏笔。

这场精心策划的"种子战争"后果极其惨烈。吴国境内"粟种杀而无生者"，导致"吴民大饥"的灾难。更致命的是，饥荒动摇了吴国军心，当越军发动突袭时，饥肠辘辘的吴国军队已无力抵抗。太史公笔下"三年而吴墟"的结局，在种子入土时便已注定。

一场无形的战争，深刻揭示了粮食安全的战略价值。越国通过蓄五谷、借粮种、还蒸粟的"三步棋"，完成了从被动防御到主动克敌的逆转。而吴国的教训也十分惨痛：其一，忽视"种源主权"，过度依赖外源种子，将农业命脉系于他国之种；其二，缺乏"种子检疫"机制，对引入品种不做生物检验；其三，未建"战略粮种库"，缺乏战略物资管控机制，灾后无应急储备可调用。

　　当姑苏台的大火映红天际，勾践的胜利不仅是军事征服，更是粮食战略的完胜。这场始于田间地头的暗战，用粟种诠释了国家安全的永恒定律：粮食安全需以种子自主为根基，种子资源必须掌握在自己手中。谁控制种源，谁就掌握农业命脉；谁失去种源，谁就失去国家安全屏障。

　　粮安天下，种筑基石。这既是生存之道，更是强国之策。

粮话——

重视种子安全，坚持独立自主的粮食生产，才是国家长治久安的根基。历史如镜，无论时代如何变迁，保障粮食安全始终是国家发展不可动摇的基石。

昔者越王勾踐困于會稽之上乃用范蠡計然集解徐廣曰計然者范蠡之師也名研故諺曰研桑心算駰案范子曰計然者葵丘濮上人姓辛氏字文子其先晉國亡公子也嘗南遊于越范蠡師事之索隱韋昭云范蠡師也蔡謨云蠡所著書名計然蓋非也與越春秋謂之計倪漢書古今人表計然列在第四則是一人聲相近而相亂耳 計然曰知鬭則修備時用則知物二者形則萬貨之情可得而觀已故歲在金穰水毀木饑火旱索隱言知時所用之物索隱國語大夫種曰賈人夏則資皮冬則資絺旱則資舟水則資車索隱五行不說旱者土穀也物之理也 六歲穰六歲旱十二歲一大饑夫糴二十病農九十病

《史記》
（四庫全書本）

平粜齐物

故岁在金，穰；水，毁；木，饥；火，旱。
旱则资[1]舟，水则资车，物之理也。
六岁穰，六岁旱，十二岁一大饥。
夫粜[2]，二十病农，九十病[3]末。
末病则财不出，农病则草不辟矣。
上不过八十，下不减三十，
则农末俱利，平粜齐[4]物，
关市[5]不乏，治国之道也。

——《史记·货殖列传》（节选）

译文

所以在金运之年，谷物丰收；水运之年，谷物歉收；木运之年，会有饥荒；火运之年，会有旱灾。发生旱灾的时候就要储备船只，发生水灾的时候就要储备车辆，这是事物的常理。六年丰收，六年干旱，十二年有一次大饥荒。粮食出售的价格，每斗二十钱会损害农民利益，每斗九十钱会损害商人利益。商人利益受损就会导致钱财不流通，农民利益受损就会导致荒地不被开垦。粮价上限不超过每斗八十钱，下限不少于每斗三十钱，那么农民和商人都会获得利益。平价出售粮食稳定物价，关卡和市场就不会缺乏物资，这是治理国家的方法。

---

1 资：储备。 2 粜（tiào）：卖出粮食。 3 二十、九十：指粮价为二十钱、九十钱。病：损害。 4 平：平价。齐：调剂。 5 关：关卡。市：市场。

计然是春秋时期的谋士，常游于海泽，越国大夫范蠡尊之为师。相传，计然传授给范蠡七条计谋，范蠡辅佐越王勾践时只用了其中五条，便消灭了强大的吴国，洗刷了二十年前的"会稽之耻"。"计然七策"既有观测天象的方法，也有储备物资的诀窍，还有稳定物价、选拔人才的手段。其中最重要的三条——积攒粮食、储备工具、安抚百姓，以及两条管理市场的办法——平价卖粮、发展商业，都围绕着粮食安全展开。可见计然的思想既有一定系统性，又能抓住关键问题。

面对战争与灾荒，计然突破周代"敬天法祖"的思维定式，将星象观测转化为经济规律认知，开创性地提出："故岁在金，穰；水，毁；木，饥；火，旱。"他认为木星每十二年绕天一周，当木星走到西方（对应五行中的"金"）就会丰收，走到北方（对应"水"）会有水灾，走到东方（对应"木"）会闹饥荒，走到南方（对应"火"）则会遭遇干旱。这种将木星运行周期与农业丰歉循环对应的模式，为越国提供了灾荒预警机制。通过将十二年周期细化为"六岁穰，六岁旱"的波动，计然实质上建立了我国最早的农业经济周期模型。

掌握了丰歉循环规律，那么就要在实践中加以运用，将"天道"转化为"治道"。越国地处东南沿海，既需应对钱塘江周期性水患，又常遭逢会稽山地干旱威胁。为应对灾害，计然提出"旱则资舟，水则资车"的超前储备策略，即在干旱的时候就要预想到以后会有水灾，需要提前准备船；同样，在水灾的时候也要为将来的干旱提前准备车。这种策略包含双重智慧：一是利用灾时物资低价进行战略采购，二是通过跨周期的储备调节来对冲自然风险。据《越绝书》记载，越王勾践践行"修备以待时"这一理念，加强粮食储备，使得"十年不收于国，民俱有三年之食"。

计然的思想还涉及价格调控理论。"夫粜，二十病农，九十病末"的论述，揭示出春秋时期商业发展带来的新矛盾。"粜"为出售粮食，当粮价跌破二十钱时，农民利益受损，便不愿耕种粮食，"农病则草不辟"的恶性循环直接威胁国家根基；而当粮价飙升至九十钱时，商人利益受损，商业活动受抑制，"末病则财不出"的市场冻结现象又阻碍经济流通。计然提出的"上不过八十，下不减三十"价格调控机制，以"农末俱利"为平衡点，通过"平粜"政策稳定物价，确保市场物资充足，这实质上是通过官府干预来维持再生产能力，以实现"平粜齐物，关市不乏"的目标。

作为特定历史时期的产物，计然之策的局限性也同样值得关注。其"十二岁一大饥"的周期论断，本质上是对吴越地区气候规律的局部经验总结。当越国北上争霸进入中原后，面对黄河流域不同的农业生态，原有理论解释力就有所减弱。不过，这种对地域性特征的总结也正折射出春秋时期知识阶层"因地制宜"的务实取向。

计然通过将星象规律转化为治国方略，完成了从"靠占卜问天"到"按规律办事"的转变，这在中国古代粮食安全思想史上具有重要意义。

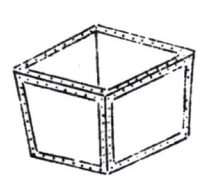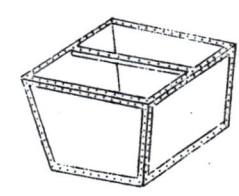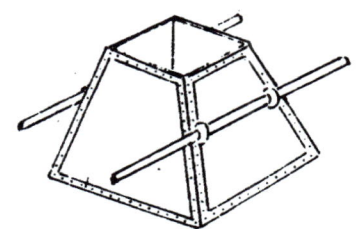

古代量器：升、斗、斛（元·王祯《农书》）

粮话

我国古人从对自然与农业关系的摸索，到对粮食价格影响农商的洞察，蕴含着对自然的敬畏和对风险的把控。尊重规律、未雨绸缪，协调好粮食生产、价格与各方利益，是国家治理不可忽视的重点。

将有及乎夫積貯者天下之大命也苟粟多而財有餘何為而不成以攻則取以守則固以戰則勝懷敵附遠何招而不至今敺民而歸之農皆著於本使天下各食其力末技游食之民轉而緣南畝則畜積足而人樂其所矣可以為富安天下而直為此廩廩也竊為陛下惜之於是上感誼言始開耤田躬耕以勸百姓晁錯復說上曰聖王在上而民不凍飢者非能耕而食之織而衣之也為開其資財之道也故堯

《汉书》
（百衲本）

积足人乐

夫积贮[1]者,天下之大命也。
苟粟多而财有余,何为而不成?
以攻则取,以守则固,以战则胜。
怀敌附远[2],何招而不至?
今驱[3]民而归之农,皆著[4]于本;
使天下各食其力,末技游食[5]之民转而缘南亩[6],
则畜积足而人乐其所矣。

——《汉书·食货志》(节选)

译文

积蓄储备,是国家的重大命脉。如果粮食多且财物有富余,还有什么事情做不成呢?凭借它来进攻就能夺取,凭借它来防守就能坚固,凭借它来作战就能获胜。使敌对的人归服,使远方的人归附,有什么招引不来呢?现在引导百姓回归农业,使百姓都从事粮食种植这个生存本业;让天下人各自依靠自己的劳动来生活,从事工商业和四处谋生的人转而依附于农田,那么积蓄储备充足了,人们也会乐于他们所从事的农业生产了。

---

1 **积贮**:积累储存,这里指粮食等物资的储备。 2 **怀敌附远**:怀,使……归服;附,使……归附。意为使敌人归服,使远方的人归附。 3 **驱**:驱使,引导。 4 **著**:附着,这里是使……从事的意思。 5 **末技**:指工商业,与农业"本业"相对。**游食**:不从事生产,四处游荡以谋食。 6 **缘**:沿着,这里是走向的意思。**南亩**:泛指农田。

汉代初期，人们因工商业发展而物欲膨胀，逐渐忽视了农业根基。年轻的政治家贾谊针对此现象挥笔写下《论积贮疏》一文。"夫积贮者，天下之大命也"的论断，将粮食储备视为撬动国家战略、经济基础与社会稳定的核心支点，为警醒世人、改变时弊送上了一剂思想良药。

与同僚晁错的观念一样，贾谊把粮食的地位提升至国家战略的高度。尤其是在生产力低下的时期，粮食的刚需属性远胜于金银珠宝。《汉书·食货志》记载"时民近战国，皆背本趋末"的社会现实，印证了贾谊"一夫不耕，或受之饥"的警示。他强调"粟多"，意味着国家具备应对灾害、战争的核心能力；"财有余"则指向国家财政的良性循环。贾谊的积贮观体现了维系政权存续的战略思维。因此，他主张推行"驱民归农"的政策，通过引导"末技游食之民转而缘南亩"，解决农业生产劳动力不足的问题，同时又重建了"耕—战"结合的治理模式。

从军事战略角度来看，贾谊将粮食储备直接转化为战争能力，揭示了"积贮"对军事行动的支撑作用：其一，"以攻则取"，进攻能力依赖粮草的持续供给，充足的储备使远征部队免于"千里送粮"的困境，避免因粮道漫长导致的物资损耗与军心涣散；其二，"以守则固"，防御体系依托于战略要地的粮食囤积，边塞守军的持久坚守须以仓廪不空为前提，否则再坚固的城防也会因饥馑而瓦解；其三，"以战则胜"，战争胜负的本质在于后勤效能，只有预先做好充足的粮食储备才能维持作战的运转效率。而"怀敌附远"则是对军事威慑力的展现——粮仓盈溢是硬实力，既能震慑敌人使其不敢轻启战端，又能吸引四方势力主动归附。粮食储备的战略思维，在军事上充分说明：粮食生产力决定着国家实力，粮仓的深度划定了政权的范围，战争的最终决胜场地不在沙场而在田野，不在刀锋而在谷仓。

从社会层面来看，"使天下各食其力"的构想，折射出贾谊对汉初社会矛盾的深刻洞察。经历秦末战乱与楚汉之争，西汉建立时"民无盖藏"的凋敝景象仍未彻底改变，而工商业的畸形繁荣导致"雕文刻镂""锦绣纂组"等奢侈消费盛行。贾谊在《新书·瑰玮》中痛陈"百人作之不能衣一人"，与此处"末技游食之民"的批评形成映照。他敏锐地意识到，当社会劳动力大量脱离农业生产，不仅会造成"畜积不足"的经济危机，更会瓦解"力耕者荣"的价值观念。这种担忧在他的《治安策》中发展为对"俗流失,世坏败"的全面批判,而"驱民归农"政策正是重建社会价值秩序的实践路径。值得注意的是,贾谊并没有彻底否定工商业,而是主张将其限制在"通有无"的合理范畴,这种辩证思维在他的《谏铸钱疏》中体现得尤为明显。

"畜积足而人乐其所",是贾谊建构的理想生活图景,凝聚着治理智慧:既强调国家强制力对经济秩序的宏观调控,又追求"乐其所"的民生愿景。在《新书·大政》篇中,他提出"民者,万世之本"的著名论断,与此处的民生关怀一脉相承。这种将国家储备与个人福祉相统一的思维,突破了商鞅生硬的农战理论,与孟子"制民之产"遥相呼应,赋予"积贮"政策以人文温度。贾谊的思想成果也为"文景之治"提供了重要的理论支撑。

粮话

粮食充裕,国家才能在攻守征战间彰显实力,吸引四方归附。面对时弊,引导民众归农自食其力,是充实粮储、安定民生的关键。

储积备乏绝

護伏誅拜開府樂部大夫宣帝即位置東宮官屬以平為小司寇與小宗伯趙芬分掌六府高祖龍潛時與平情好欵洽及為丞相恩禮彌厚尉迥王謙司馬消難並稱兵內侮高祖深以淮南為意時賀若弼鎮壽陽恐其懷二心遣平馳驛往代之弼果不從平麾壯士執弼送于京師開皇三年徵拜度支尚書平見天下州縣多罹水旱百姓不給奏令民間每秋家出粟麥一石已下貧富差等儲之閭巷以備凶年名曰義倉因上書曰臣聞

《隋书》
（钦定四库全书本）

储之间巷

平见天下州县多罹¹水旱,百姓不给²,奏令民间每秋家出粟麦一石已下³,贫富差等⁴,储之间巷⁵,以备凶年,名曰义仓。

——《隋书·长孙平传》(节选)

丰图义仓(位于陕西省大荔县)

> **译文**
>
> 长孙平看到天下的州县经常遭受水旱灾害,百姓的生活物资不足,上奏请求下令民间每年秋天每户人家拿出一石以下的粟米或麦子,按照贫富差别分等级,储存在乡里,用来防备荒年,命名为义仓。

---

1 罹(lí):遭受、遭遇(灾祸或疾病)。 2 不给:指生活困难,物资不足。 给:表示充足、丰足。 3 一石:石是古代的容量单位,十斗为一石。 已下:即"以下"。 4 差等:区分等级。这里指根据家庭贫富情况分为不同等级来缴纳粟麦。 5 间巷:指乡里、民间。 间:古代二十五家为一间,也指里巷的大门。 巷:是胡同的意思,泛指小街道。

隋代初期，多罹水旱，百姓受困。据《隋书·食货志》记载，开皇五年"山东频年霖雨，杞、宋、陈、亳、曹、戴诸州，大水泛滥"，而关中地区则遭遇"连年亢旱"。这种水旱交织的灾荒景象，不仅造成"百姓饥馑"的民生困境，更直接冲击着新朝代的政治稳定。

汉代常平仓制度虽可调节粮价，但其粮食储备集中于州县城池，调拨效率低下，"自外运米，道路辽远"的弊病在灾时暴露无遗。长孙平作为度支尚书，深谙国家财政难以支撑大规模跨区域赈济的现实，亟须寻找一种既能缓解财政压力、又能调动民间力量的新模式，因此他转而将目光投向民间，提出了以"储之闾巷"为核心的义仓制度。

义仓的提出，其实是长孙平对粮食储备传统的创造性转化：一是继承了先秦以来"耕三余一"的储备思想，使《礼记·王制》中"国无九年之蓄，曰不足"的警示，在灾荒频仍的背景下被高度重视；二是发扬了汉代以来民间"义舍""义米"等互助实践，将粮食储备的主体转向民间。长孙平的创新之处，在于将这两种传统上升为国家制度，通过"奏令民间"的行政力量，使原本分散自发的民间储粮行为系统化、标准化，提高了粮食储备和分配的效率。

"每秋家出粟麦一石已下，贫富差等"的征收原则，展现了长孙平对社会现实的深刻认知。按户分级的弹性设计，既保证了储粮规模，又兼顾了社会公平。一方面，发动民间力量储粮，能有效增加粮食储备总量，为应对灾害奠定物质基础。另一方面，考虑到百姓实际经济状况，实施贫富差别的缴纳标准，既保证义仓有充足的粮食储备，又避免给贫困家庭增添过重负担。这种"富者多出而不伤其财，贫者少纳而能尽其力"的调节机制，本质上是一种精巧的社会契约。

在具体操作层面，"储之闾巷"将征收单位细化到"家"，管理单元下沉至"闾巷"，这种设计具有现实考量。隋初推行的"大索貌阅"政策，使户籍管理精确到家庭人口结构，为按户定等提供了现实基础。而"闾巷"作为社会基层单位，既是粮食储备的地理坐标，也是熟人社会的治理单元。"储粮于闾巷"，意味着救灾物资与受灾人群的重叠，这极大提升了赈济效率。当灾荒发生时，"去仓储不过数里"的百姓无需跋山涉水，管理者也能依据日常接触的人口信息精准放粮，避免"胥吏侵渔"

与"冒领赈米"的弊端。

　　以"义"为核心，义仓弘扬的是公益精神与互助风尚，是民间储粮的重要力量。当灾害发生时，义仓的存在，在减轻官府救灾负担的同时，也提高了救灾效果。然而，义仓制度也存在局限性。依赖民间力量，粮食储备受民间经济状况制约。在管理上，"闾巷储粮"缺乏专业管理举措，易出现挪用、盗窃等问题，影响正常运行。覆盖范围也有限，大规模灾害发生时，难以满足所有受灾百姓的需求。而且，义仓常因灾害催生，缺乏长期规划与可持续存续机制，无法从根本上解决粮食安全问题。

　　但不可否认，义仓制度本质上是在国家能力与民间社会之间寻找支点。它不追求绝对控制，而是通过制度设计激活社会自我调节功能；不迷信官僚系统，而是借助熟人社会的道德规范降低管理成本；不空谈"仁政"理想，而是用"贫富差等"的针对性举措维系制度的可持续性。这些特质，使得"储之闾巷"超越了具体的救灾功能，成为观察中国古代治理智慧的一扇明窗。

粮话
——义仓，兴于危难，传于后世，不仅是应对灾害的创举，更成为中华文明中重视粮食安全、追求社会和谐的精神坐标——以民为本、团结互助、居安思危，筑牢保障民生与社会稳定的坚实根基。

明出納之慎金部置木契一百一十隻二十隻與太府寺合十隻與東都太府寺合十隻與九成宫合十隻與行從太府寺合十隻行從金部與東都太府寺合二十隻與東都金部與京金部合二十隻行從金部與東都金部與京金部合

凡有互市皆爲之節制 諸官私互市唯得用帛練蕃綵之類必定其長短廣狹之制端匹屯綟之差焉 自外並不得交易其官市者兩分練一分蕃綵若蕃人須糴糧食者監司對酬分練一分蕃綵若蕃人須糴粮食者須數與州司相知聽百姓將物就互市所交易 凡練帛

凡賜物十 段則約率而給之絹三匹布三端綿三屯 羅錦綾縠紗縠雜羅錦則五丈爲端錦則五丈爲端絁紬之屬以四丈爲匹布則五大爲端錦則六兩爲屯絲則五兩爲絇麻則三續爲綟 質布紵布蜀布各端春夏

《唐六典》
（钦定四库全书本）

互市交易

若蕃人须籴粮食者[1],
监司斟酌须数[2],
与州司相知,
听百姓将物就互市所[3]交易。

——《唐六典·卷三》(节选)

《步辇图》局部(唐·阎立本)

译文　如果蕃人需要购买粮食,监司斟酌所需的数量,与州司互相告知,听任百姓带着物品到市场进行交易。

---

1 蕃人:指少数民族居民或外国人。　蕃:通"番",在古代常用来称呼边疆地区的少数民族或外国。　籴(dí):买进粮食,与"粜"(卖出粮食)相对。　2 须数:需要的数量。　3 听:听任、允许。　互市所:古代不同民族或国家之间进行贸易、交易的场所。

唐代，是中国历史上的一个鼎盛时期，经济繁荣，文化昌盛。这一时期，唐政权秉持开放包容的对外政策，与周边少数民族政权往来密切，贸易活动频繁。不过，贸易活动并非全开放、全自由的，而是受到官府的管控。

唐代实施市场准入与交易场所限制的政策，推行严格的"坊市制"，规定交易必须在官府划定的固定市场（如长安东市、西市）进行，并且交易时间受官方管制。针对边疆互市，设立"互市监"专职管理机构，交易场所需经官府审批并设置封闭式管理区域，由军队驻守。这项制度既保障了交易秩序，也便于征税和监控战略物资。从长安城的坊市到边疆的互市所，唐代执政者构建起一套融合中央集权与地方治理、战略安全与经济利益的多维管控体系，其制度设计是非常精妙的。

在边疆治理与贸易中，粮食被赋予特殊战略价值。由于中原农耕区与游牧地带生产周期的差异，边疆少数民族常因气候突变或战事影响陷入粮荒。为化解这种结构性矛盾，唐政权采取诸多举措，其中最具创造性的，便是将民间力量纳入管控体系，允许百姓在官府的监督下与蕃人进行粮食交易。

《唐六典·卷三》中记载了唐人与蕃人交易粮食的程序。"监司斟酌须数"，作为唐代负责监管贸易活动的官员，监司需依据实际情况，审慎考量蕃人所需的粮食数量。监司评估蕃人粮食需求时，要综合考虑边疆人口、生产及储备状况，同时兼顾内地粮食供应与运输能力，还要考量粮食贸易对经济的影响，防止粮食价格大幅波动和资源浪费。"与州司相知"，州司即地方政府官员，监司需与州司沟通协作，共同处理粮食贸易事务。地方政府在粮食贸易中起到关键作用，州司管理本地区粮食生产、储备与贸易。监司与州司共同制定贸易政策、确定规模与价格、解决贸易问题。这种分工协作的管理体制，既发挥了中央监督管理职能，又依靠地方落实执行，提升了粮食贸易的效率与管理水平。

"听百姓将物就互市所交易"，表明在"斟酌须数"之后，官府准许百姓携带物品至互市所，与蕃人交易以换取粮食。互市所是专门的贸易场所，百姓可将丝绸、茶叶、陶瓷等物品带去交易。这种交易方式，既满足了蕃人的粮食需求，又推动了内地与边疆的经济文化交流。百姓参与贸易，增加了收入、促进了商品流通与经济发展，这不仅体现了唐代官府鼓励民间经济活动的态度，同时还发挥了市场的调节作用。

唐代的粮食互市政策，一端连着国家安全，另一端载着经济贸易。官府通过监司、州司管理监督粮食贸易，保障粮食安全与交易秩序，又让百姓参与，发挥市场作用。尤其是允许少数民族与内地开展粮食贸易，展现了唐代开放包容的大国气象，不仅促进了各民族经济、文化融合，更满足了边疆少数民族的生活需求，维护了边疆稳定。

《唐六典》是记载唐朝官制的重要典籍，由唐玄宗时期的李林甫等主持编纂，系统梳理规范了唐朝政治、经济、文化等诸多制度。那些条文跃动着鲜活的治理智慧，既是冷峻的制度文本，也是热络的民生图景；既镌刻着集权体制的刚性，又流淌着务实主义的变通。

在这部珍贵的史籍资料中，潜藏着唐代成为世界繁荣强国的深厚底蕴。

粮话

开放交流是繁荣发展的基石，兼顾各方利益才能凝聚力量；合理的管理与适度的自由相辅相成，是推动经济稳健前行的双轮；而对边疆稳定的重视，更是国家长治久安的关键。

不得已而講求要之非常行按此篇自要之非常行句下原本全脫今依文獻通

正
考補使常糴之法常行則穀價不貴四民各安其居不
至於流散各可以自生養至於移民移粟不過以饑殍
之養養之而已若設麋粥其策又其下者大抵荒政統
而論之先王有預備之政上也使李悝之政修次也
在蓄積有可均處使之流通移民移粟又次也咸無馬
設麋粥最下也雖然如此各有差等有志之士隨時理
會便其民戰國之時要論三十年之通計此亦虛談則

《歷代制度詳説》
（欽定四庫全書本）

预备之政

大抵荒政[1]统而论之，
先王有预备之政，上也；
使李悝之政修，次也；
所在蓄积，有可均处[2]，使之流通，移民移粟，又次也；
咸无焉，设糜粥[3]，最下也。

——《历代制度详说·荒政》（节选）

译文

大致来说，救济灾荒的政策综合而论，先王有预先准备的政策，这是最好的；假使能像李悝那样施行好的政策，是次一等的；各地有积蓄，有可以调剂的地方，让物资流通，迁移百姓、转运粮食，是又次一等的；这些都没有，设置稀粥救济，是最下等的。

---

1 **荒政**：古代在遇到荒年时所采取的救济措施。 2 **均处**：均衡处理，合理分配。 3 **设糜粥**：开设粥厂，煮稀饭来救济灾民。

在漫长的历史岁月中,旱灾、水灾、蝗灾、地震等频繁肆虐,给以农业为支柱的封建社会带来沉重打击。农业生产对自然条件依赖程度深,一旦遭遇灾害,粮食减产甚至绝收的情况屡见不鲜,长此以往便会引发社会动荡、百姓流离失所。面对严峻的形势,如何御灾备荒、抵御风险?历代执政者与思想家对此问题一直苦苦求索,努力探寻应对良策。

南宋硕儒吕祖谦在《历代制度详说·荒政》中,将救灾之策分为四等:最高明的是先王制定的预备之政;其次是效仿战国李悝的"平籴之法";再次是临时调运粮食、迁徙灾民;最下策则是灾后施粥赈济。这一论述直指荒政的根本逻辑——防灾胜于救灾,制度优于应急。

吕祖谦推崇的"预备之政",核心在于防患于未然。古代圣王推行"三年耕必有一年之储"的政策,早在丰年便着手储备。如《周礼》记载,周朝设"遗人"一职,专职管理国家粮仓,"掌邦之委积,以待施惠"。这种制度化的储备体系,后世不断完善,既包括官府的常平仓,也涵盖民间的义仓。丰年时,官府以合理价格收购余粮,避免"谷贱伤农";灾年时,则以平价出售存粮,防止"谷贵伤民"。墨子曾言"仓无备粟,不可以待凶饥",正是强调粮储如同国之命脉。把预备与防灾相结合,不仅让百姓免于饥荒的恐惧,更使政权在灾害面前稳如磐石。

当预备不足时,李悝的"平籴法"成为次优选择。战国时期,魏国丞相李悝创造性地提出"取有余以补不足":将年景分为"上熟""中熟""下熟"三等,官府按不同比例收购余粮;待灾荒发生时,再分级放粮平抑粮价。这种方法既调节市场供需,又平衡社会矛盾。《汉书》称其"行之魏国,国以富强",足见其效力。但"平籴法"的实施需要两个前提:一是官府财政雄厚,能支撑大规模粮食购销;二是吏治清明,避免贪官污吏中饱私囊。如果遇到连年灾害或朝政腐败,这套机制便难以为继。此法虽妙,但终究是"亡羊补牢",不如预备之政周全。

如果前两策都不具备,那么只能依靠临时调粮。汉武帝时,山东饥荒"下巴蜀粟以振之";唐宋时期,大运河"岁输江淮粟四百万石至长安",都是"移丰补歉"的典型案例。这类措施看似灵活,实则代价很大:受限于地理条件,粮食转运需要耗费大量的人力、物力;而移民就食则容易引发流民问题,北宋熙宁年间河北灾民南迁,虽得官府"给田贷种"，却因与当地居民争夺资源，酿成持续数年的土客械斗。这些应急举措，虽能暂解燃眉之急，却埋下长久的隐患。

至于灾后施粥，虽然能暂时缓解灾民饥饿，却只是权宜之计，无法从根本上解决灾荒问题。明代崇祯年间的大旱灾，北京城郊"日施粥一餐，饥民扶老携幼，践踏而死者相枕藉"。这种赈济方式，反而会暴露官府的无能与失职。可见，应对灾荒不能仅依赖临时救济，而应建立长效、全面的应对机制。

吕祖谦划分荒政等级，是给治国者一面明镜：制度的完备性决定国家的抗灾能力。真正的救灾不在灾后奔走，而在灾前预备。防灾不仅是技术问题，更是治理能力的体现。从农业设施的超前规划，到粮食的战略保存，再到灾害预警系统的建设，每一项预备都需要卓越的政治远见。

粮话——从先王未雨绸缪的预备之政，到李悝调节粮价发展生产之策，再到灾时的资源调配，乃至无奈之下的粥济，展现出荒政从预防到应对的系统考量。面对无常灾害与复杂社会问题，应提前谋划、多管齐下，才能筑牢社会稳定与发展的根基。

储积备乏绝

非元之海洋中運也乃邊海一道商販私往來者自
淮直達京師一風之便數日可至既不患於遲延而
較諸漕河挽運且省無窮之力況海運既通則漕河
自可安心修築不至迫促而罔功奏功之後二路並
運脫有一路之阻亦自有一路之通京師可以坐俟
無憂且國計既不專恃漕河則意外之防可弭所以
代謀者即此而在此萬年之計也先是予議開膠河
蓋前人曾為而未成者開此則自淮入海直達天津

《本语》
（钦定四库全书本）

海运既通

海运既通，则漕河自可安心修筑，
不至迫促而罔功[1]。
奏功之后，二路并运。
脱[2]有一路之阻，亦自有一路之通，
京师可以坐俟无忧。
且国计既不专恃漕河，则意外之防可弭[3]，
所以代谋[4]者即此而在，此万年之计也。

——《本语·卷六》（节选）

译文

海运既然已经开通，那么漕河自然可以安心修筑，不至于仓促行事而没有成效。修筑成功之后，海运和漕运两路一起运行。假如有一路遇到阻碍，也自然还有一路是畅通的，京城可以安稳等待而无需担忧。况且国家的经济已经不完全依赖漕河，那么意外风险就能得以消除。用来替代的新方案正是基于这一点形成的，这是万年的大计。

---

1 罔功：没有功效，徒劳无功。 2 脱：倘若，如果。 3 弭：弥补，消除。 4 代谋：替代的策略，指摆脱对漕运的单一依赖，采用海运、漕运两路并运的方案。

漕运是我国古代经济体系中的运输大动脉。然而，漕河的运行并非一帆风顺，很多问题非常棘手。

一方面，漕河的维护与治理是一场无休止的艰难战役，需要投入大量的人力、物力与财力。且不说日常的疏浚与修缮，每当自然灾害发生时，如洪水泛滥冲毁河道，或是干旱致使水位下降，都会让漕河运输陷入困境。同时，人为因素也会干扰漕河的顺畅运行，如管理不善、贪污腐败等导致损坏的河道设施得不到及时修补，都会给漕运带来重重阻碍。另一方面，随着经济的发展以及人口的持续增长，对粮食的需求不断攀升，漕河所承受的运输压力与日俱增，不堪重负。

正是在这样的背景下，海运方案再度引发关注。其实，明朝前期并非没有海运的尝试，只是由于种种缘由，未能持续推行。到了大学士高拱所处的时期，国家面临着更为错综复杂的经济与政治形势，对粮食运输的稳定性与可靠性提出了更高的要求。高拱敏锐地察觉到了时代的需求，提出漕粮海运的主张，期望借此缓解漕河的运输压力，增强国家经济的稳定性与应对意外事件发生的能力。

高拱洞悉海运与漕河之间的微妙关系。在海运未开通之前，漕河背负着沉重的粮食运输使命。由于运输任务紧迫，漕河的修筑往往只能仓促进行，难以做到全面、系统的规划与施工，最终导致事倍功半，甚至徒劳无功。而海运一旦开通，就为漕河的修筑创造了有利条件。部分粮食改由海运，漕河的压力得以减轻，政府便能在相对宽松的环境下，精心谋划漕河的修筑工作，有足够的时间与资源确保工程质量，使漕河在未来能够更高效地发挥运输作用，为国家粮食运输提供更为坚实的保障。

高拱主张漕粮海运，有着更为深远的考量。他深知，国家经济若仅依赖漕河这一条运输通道，一旦出现变故，国家必将陷入被动，经济也会遭受重创。而开拓海运等多种运输渠道，就像为国家经济打造了一个坚固的防护网，增强了抗风险能力。"意外之防可弭"意味着多种运输方式并存，能够有效应对各种突发状况。漕河受自然灾害或人为破坏时，海运可及时补位；海运遭遇海盗、风暴等影响时，漕河又能作为备用通道，确保粮食供应不断。这种多渠道的运输体系，是国家经济安全的有力保障。高拱将开拓多种运输方式视为一种战略谋划，它不仅可以解决当下的粮食运输难题，更为国家的长远发展奠定了基础。从战略层面看，多渠道运输体系的构建能保障国家在面对内外部各种挑战时更加从容，因此高拱称之为"万年之计"，足见这一主张的长远意义。

隆庆六年（公元1572年），高拱与漕运总督王宗沐推动海运试运，成功将十二万石漕粮经海路送达蓟州。此举本可以为改革打开突破口，但次年因飓风导致粮船倾覆造成较大损失，反对派趁机以"海道险远"为由废止海运。

虽然高拱等的海运主张受条件限制未能实现，但关于粮食海运的论述，蕴含着多元化运输、战略谋划与风险防范等先进思想，为后世在粮食安全与物流运输等领域提供了宝贵的启示。

粮话——

行二路并运之策，以多元思维应对变化，以战略谋划把握全局，以未雨绸缪防范风险，这不仅是解决粮食运输之法，更是关乎国家长远发展的战略考量。

参或榖委员采买尹继善共有地方之责将此一併传谕知之旋复奏

吉贮价米买者自不独江南一省今岁丰收之处尚多正宜趁此时留心筹画预为仓贮民食之计俾不至榖贱伤农但必以本地之榖补本地之仓恐收成分数不齐产米多寡不一或因一时采买米价又致昂贵有妨民食著该督抚酌量所属地方情形有二麦既丰而秋成又稔者勤拨历年所存榖价分路采买

《皇朝文献通考》
（钦定四库全书本）

留心筹划

今岁丰收之处尚多，正宜趁此时留心筹划，预为仓贮民食之计，俾不至谷贱伤农。

——《皇朝文献通考·市籴考》（节选）

登场图（元·程棨《摹楼璹耕作图》）

译文

今年丰收的地方很多，正应该趁这个时候精心谋划，提前做好仓储粮食、保障民生的打算，以免出现粮食价格过低而损害农民利益的情况。

历经康熙、雍正两朝的精心治理，清代乾隆时期国家局势相对稳定，国力渐强，社会秩序井然。康熙朝通过"滋生人丁永不加赋"的政策减轻百姓的赋税压力；雍正朝则以"摊丁入亩"政策改革整顿财政，并建立常平仓体系，使粮食储量明显增长，粮价波动为清代最小。这为乾隆朝的治理奠定了重要基础。然而，随着人口激增，粮食安全这一关乎国计民生的重大问题，始终是乾隆皇帝在位期间关注的焦点。

尽管康熙、雍正时期农业生产在垦荒、水利、仓储等政策的推动下取得了长足进展，但乾隆继位后仍面临着严峻考验。再加上自然灾害频发、土地兼并现象严重，不时冲击着国家粮食产量的稳定性。同时，粮食流通环节也困难重重，运输成本居高不下，使得粮食从产地顺利抵达需求之地并非易事。

鉴于此，乾隆深谙仓廪实而天下安的道理，将粮食安全纳入治国理政的体系，构建起涵盖生产、储备、流通、赈济的全方位治理格局。其政策既延续雍正朝整饬吏治、强化仓储的做法，又针对新矛盾进行制度性创新，展现出鲜明的务实特征。

乾隆十一年（公元1746年）的谕旨中记载着"今岁丰收之处尚多"。各省粮食迎来丰收，市场上米价随之降低，百姓可以用较低成本获取维持生计的粮食，令人欣慰。这一良好局面的背后，是乾隆大力推行鼓励开垦荒地政策的成果。减免赋税、提供种子农具等优惠措施，激发了百姓种田的积极性，使耕地面积迅速增加。同时他重视水利建设，多次下令兴修水利工程，为农田灌溉创造了良好条件，为粮食丰收筑牢了根基。

然而，乾隆并未因眼前的丰收而放松警惕，他以敏锐的洞察力，察觉到粮食市场潜在的波动风险，因此留心谋划，"预为仓贮"。这样正是为民生稳定着想，不会使粮食价格太低而损害农民的利益。另外，即便当年丰收，来年粮食供应能否持续充足，依旧存在诸多不确定因素。在青黄不接的时段，粮食短缺极易引发价格上涨。这并非无端忧虑，而是源于对历史经验的深刻总结以及对现实状况的清醒认知。

回顾乾隆年间，粮食危机并非罕见。乾隆八年（公元1743年），华北地区遭受严重旱灾侵袭，土地干裂，庄稼颗粒无收，米价飞涨。部分百姓生活陷入绝境，为求生存不得不以草根、树皮等勉强果腹。又如乾隆三十六年（公元1771年），江南地区遭遇洪水肆虐，大片农田被无情淹没，粮食收成锐减，米价急剧攀升，当地百姓承受着沉重的生活负担。这些惨痛经历，时刻提醒着乾隆粮食供应稳定的重要性与紧迫性。

面对潜在的粮食危机，乾隆果断决策，要求各督抚依据实际情况，在丰收地区适量采购米谷，并运往粮食短缺地区，实现丰收地区与缺粮地区的资源合理调配，以此平衡粮食供需，稳定市场价格，也有利于促进区域间协调发展。他也深知地方官员在粮食管理中扮演着关键角色，因此将这一重任明确落实到各督抚身上。"留心筹划"是要求各督抚提前布局，不能被动地等到危机降临时才有所行动，展现了乾隆未雨绸缪的政治智慧。

乾隆的粮食安全思想与政策，是其"仁政"的重要内容。他重视农业、建立仓储体系、关注粮食流通、重视灾荒救济等诸多做法，为后世执政者提供了宝贵经验，至今仍具参考价值。

粮话——粮食安全涉及多个领域，需要具有前瞻性眼光、系统性思维，洞察潜在风险，以民之所需为导向，统筹各方资源，这样才能在风险隐患中筑牢根基，确保稳定发展。

节用而爱人

道千乘之国，敬事而信，节用而爱人，使民以时。

——《论语·学而》(节选)

君子无逸	139
惟土物爱	143
生财大道	147
荒政聚民	151
节欲省事	155
执鞭戏稻	159
申至秋登	163
躬务俭约	167
先贷以钱	171
必罪不宥	175

周公曰嗚呼君子所其無逸傳嘆美君子之道所在念
德其無逸豫君子且猶然況王者乎先知稼穡之艱難
乃逸豫則知小人之依傳稼穡農夫之艱難事先知之乃
謀逸豫則知小人之所依怙相小人厥父母勤勞稼穡
厥子乃不知稼穡之艱難傳視小人不孝者其父母
勤艱難而子乃不知其勞乃逸乃諺既誕否則侮厥父
母曰昔之人無聞知傳小人之子既不知父母之勞乃
為逸豫遊戲乃叛諺不恭已欺誕父母不欺則輕侮其

《尚书》
（钦定四库全书本）

君子无逸

呜呼！君子所[1]其无逸。

先知稼穑[2]之艰难，乃逸[3]则知小人之依[4]。

相小人，厥父母勤劳稼穑，厥子乃不知稼穑之艰难乃逸。

乃谚[5]既诞[6]，否则[7]侮厥父母，曰："昔之人无闻知。"

——《尚书·无逸》（节选）

> **译文**
>
> 啊！君子在位时，切不可贪图安逸享乐。要先了解耕种收获的艰难，这样，处在安逸的环境中也能体会百姓耕作的辛苦。看看那些种田的老百姓，他们的父母勤劳地种着庄稼，他们的儿子却不知道种庄稼的艰难，贪图安逸、任性妄为。他们的行为还傲慢放纵，乃至于轻侮他们的父母，说："从前的人什么也不懂。"

---

1 所：处在。 2 稼穑（sè）：在这里泛指农业劳动。 稼：播种。 穑：收割。 3 乃：指示代词，这样。 逸：安逸、享乐。 4 依：同"衣"，《白虎通·衣裳篇》："衣者，隐也。"隐，指隐痛、疾病。 5 乃：连词，表并列，既……又……。 谚：通"喭（yàn）"，指傲慢、粗野、放纵。 6 诞：虚妄、荒诞、放肆。 7 否则：乃至于。 否：当作"丕"。

西周在武王伐纣的烽火中初建，百废待兴。周公旦作为周武王的弟弟、周成王的叔父，肩负着辅佐周成王治理国家的重任。

商周政权的更迭不仅是王朝的交替，更是治国思想的转变。商朝后期，纣王沉迷酒色，对百姓疾苦视而不见，对朝政大事置若罔闻，致使民怨沸腾，最终导致社稷倾覆。周公旦意识到，商朝的覆灭并非上天不再庇佑，而是因为纣王贪图享乐，忘记了治国之本。反观周人先祖，周文王亲自下田耕作，与百姓同甘共苦，才换来周朝走向兴盛的机会。政权的稳固不在于虚无缥缈的天命，而在于君王能否以敬畏之心对待百姓。于是，周公旦作《无逸》，以史为鉴，将勤政爱民的训诫镌刻在周王室的血脉之中，为周朝发展奠定了厚生爱民的治国思想基础。

"呜呼！君子所其无逸。"周公旦一声感叹，振聋发聩，向君王敲响了警钟。君王作为国家的执政者，其言行举止对国家发展走向有着决定性影响。贪图安逸享乐只会荒废政事，使国家陷入混乱的漩涡。周公旦是在告诫周成王，要摒弃安逸享乐的思想，以高度的责任感和使命感，时刻保持勤勉，为国为民全力以赴。"无逸"是提醒君王要以身作则，在国家大事面前不可有丝毫懈怠。

"先知稼穑之艰难"对于居于统治地位的君王来说，实属不易。农业是封建社会的支柱，百姓的生计紧紧系于土地。君王只有亲身经历农业生产的艰辛，体会农民的劳作之苦，才能真切理解平民百姓生活的不易。当君王认识到农业生产的艰难后，即便身处安逸，也能心系百姓，明白百姓是国家稳固的根基。只有关心百姓生活，君王才能赢得百姓的忠心拥护，国家才能长治久安。

周公旦还对那些不知稼穑艰难之人的恶劣行径提出批评。那些人生活优渥，远离农事，对生活中的疾苦毫无认知，不仅贪图安逸、言语轻狂，甚至在行为放荡后，公然侮辱辛勤劳作的父母，甚至否定了"以前的人"。这不仅是对传统勤劳美德的践踏，更是对先辈、长辈的漠视。周公旦借此事告诫周成王，要引以为戒，尊重劳动者，珍视劳动成果，不可忘却农业生产的艰难，不可轻视百姓的付出，更不可做出违背道德伦常之事。

周公旦的贡献在于，他将道德劝诫转化为可操作的社会制度。他提出的"君主犯错要公开承认""滥杀无辜必遭反噬"等原则,不仅是道德要求,更形成了早期的问责制度。他总结前朝教训,对君王提出真诚的劝诫,成为一种反思机制,帮助周成王避免了重蹈商纣覆辙命运,开创了"成康之治"的盛世。

《无逸》内涵的深刻之处,还体现在对执政者提出了考验:享有特权的人,如何克服享乐本能?周公旦给出的答案是——君王对内要培养道德自律,自觉自省,约束自己;对外要实施爱民惠民政策,善待孤寡,体恤贫弱。这种"修身"与"治国"相结合的理念,将个人品德与国家治理紧密联系在一起,成为君王的必修课,对后世具有长远的启发意义。

周公旦像(明·高宗哲《历代君臣图像》)

节用而爱人

粮话——

知晓"稼穑之艰难",体悟百姓生存之艰辛。千年之训,蕴含勤勉治国、重视农业、以民为本的思想。以此纠治遗忘根本、贪图安逸的歪风,岁月流转,永不过时。

《尚书》
（四部丛刊景宋本）

惟土物爱

文王诰教小子有正有事[1]，无彝酒[2]；
越庶国[3]，饮惟[4]祀，德将[5]无醉。
惟曰我民迪[6]小子，惟土物[7]爱，厥心臧[8]。
聪听祖考[9]之彝[10]训，越小大德。

——《尚书·酒诰》（节选）

译文

（当年）周文王告诫他的子孙及各级官员，不要经常饮酒。各诸侯国君，只有在祭祀时才能饮酒，并且要用道德来约束自己，不要喝醉。要教导年轻子弟珍惜土地所产之物，这样他们的心地就会善良。年轻人要恭敬地听取祖先留下来的训诫，无论是小事还是大事都要遵循道德准则。

---

1 **诰**（gào）：古代上对下的训诫、告诫，多用于君王对臣子的正式文告。**小子**：此处指年轻的贵族子弟或低级官员。**有正有事**："正"指长官、正职官员；"事"指具体办事的官员。泛指各级行政人员。 2 **彝**（yí）：本义为"常、恒"，引申为"频繁、无节制"。 3 **越**：介词，用于引出对象，这里指"对于""至于"。**庶国**：指各诸侯国。**庶**：表示"众多"。 4 **惟**：副词，意为"仅、只"。 5 **德将**（jiāng）："德"指道德、德行；"将"为动词，意为"扶持、约束"，引申为"以道德约束"。 6 **迪**：引导、教导。 7 **土物**：指土地产出的粮食、作物。 8 **厥**（jué）：代词，他们的。**臧**（zāng）：意为"善良"。 9 **聪听**："聪"本指听觉灵敏，此处为敬辞，意为"恭敬地聆听"。**祖考**：历代祖先。**祖**：指祖父以上的祖先。**考**：指父亲。 10 **彝**：常理。

周公旦发表的治国训诫,除了针对侄儿周成王的,还有针对弟弟康叔的。

殷商遗民聚集的卫国,封给了康叔。在康叔准备前往卫国时,周公旦为其送上了一篇《酒诰》——我国最早的禁酒令。

卫国的核心区域位于殷商故都朝歌一带,居住着大量殷商遗民。商朝灭亡后,虽然经过"三监之乱"的平定,但殷商旧贵族势力依然强大,其文化习俗与周人存在不小差异。当时,殷商遗民有酗酒陋习,殷商的覆灭就与酗酒之风盛行密不可分。《史记·殷本纪》记载商纣王"以酒为池,悬肉为林,使男女裸相逐其间,为长夜之饮"。从君王到贵族,沉迷酒色达到了极致,致使政务荒废、农田荒芜,最终国家覆灭,教训惨痛。

周代初面临着如何统治殷商遗民、稳定东方疆域的难题。康叔得到周公旦的支持,成为治理卫国的人选。周公旦深知,要想让康叔在殷商旧地站稳脚跟,必须从根本上扭转社会酗酒陋习,重建社会秩序,《酒诰》正是在这样的背景下产生的。

周公旦在《酒诰》中首先回顾了殷商的历史,认为殷商贵族沉迷酒色,导致政务荒废,上下失德,最终"天降丧于殷"。这让他认识到,酗酒不仅是个人品德问题,更是关系到国家存亡的政治问题。周公旦善于对历史教训进行深刻总结的做法,为整个周王朝树立了"以史为鉴"的治国理念。

鉴于此,周公旦对康叔做出警示,援引周文王的话来要求他及其封地的大小官员要节制饮酒,防止酗酒导致社会混乱和国家动荡,万不可步殷商之后尘。他强调"饮惟祀,德将无醉",只有在祭祀时才可以饮酒,且要约束自己的德行,严禁滥饮。对于违反禁酒令的人,周公旦采取严厉的惩罚措施,甚至处以极刑。他希望通过禁酒来整顿社会风气,培养理性、节制的美德,从而维护社会秩序。

周公旦在《酒诰》中对饮酒场景的限定,暗含着周代礼乐文明的建构逻辑。他没有全盘否定殷商的酒文化,而是将酒的使用纳入礼制框架中——在祭祀时,酒是沟通天地祖先的神圣媒介,承载着"敬天法祖"的庄严使命;在日常生活中,酒则有可能成为腐蚀德行的危险因素。这种"区别对待"既避免了文化断裂引发的抵触情绪,又通过仪式化的饮酒规范，潜移默化地重塑着殷商遗民的价值观念。当酒从无度狂欢的享乐工具转变为礼法秩序的象征符号，周人实际上完成了对殷商旧俗的创造性转化。

同时，周公旦高度警惕的是，酗酒不仅会腐蚀社会风气，更会动摇以农耕为核心的经济命脉。在以农耕为核心的古代社会，粮食是国家的根本。周公旦特别提出要"惟土物爱"，核心在于珍惜粮食、重视农耕生产，引导百姓爱护土地所产之物，如此才能心善德正，稳稳守住民生之本。禁止酗酒可以让百姓有更多的时间和精力投入农业生产中，避免因酗酒导致的人力浪费和粮食浪费，这样也是为了保住国家富强的基础。

想必康叔听从了周公旦的劝诫。《史记》记载："康叔之国，既以此命，能和集其民，民大悦。"康叔治理卫国取得了良好效果。周成王后来还"举康叔为周司寇，赐卫宝祭器，以彰有德"。康叔的这份荣耀背后，浸透着《酒诰》的言之切切、意之殷殷。

粮话——

禁酒并非仅针对酒，更是对纵欲享乐的警惕，以克制为刃，切断奢靡腐蚀德行的链条；惜粮不仅是爱惜粮，更是对生存根本的敬畏，以土地为基，筑牢民生不堕的防线。

节用而爱人

《礼记》
（清武英殿刻本）

生财大道

生财有大道。
生之者众，食之者寡，
为之者疾[1]，用之者舒[2]，
则财恒足矣。

——《礼记·大学》（节选）

牛耕图（陕西米脂汉墓出土）

> **译文**
>
> 创造财富有重大原则。创造财富的人多，消耗财富的人少，创造财富的人勤奋，使用财富的人节俭，那么财富就会经常充足了。

---

[1] 为：劳作、经营。 疾：快速、敏捷。　[2] 舒：舒缓、节制。

生财有大道，人人向往之。

《大学》以简洁的语言揭示了古代创造财富的规律，其蕴含的经济思想至今仍能引发人们的深层思考。

"生之者众"强调扩大生产规模。在以农业为主导的经济结构中，劳动力是创造财富的根本。此主张一方面强调增加人口数量，引导百姓归于农田，齐心协力地开垦荒地、兴修水利，不断扩大农业产出。另一方面，也强调通过优化社会分工提升整体效率。士人维护礼法秩序，农民从事耕作，工匠制造工具，商人流通物资。四者分工协作，形成稳定的生产循环，使更多百姓成为财富的直接创造者。只有充分调动各行业劳动者的积极性，才能实现社会总产出的最大化。

"食之者寡"则侧重约束消费群体的过度消耗。在农业社会中，如果脱离生产的官僚阶层、军队等群体规模过大，就会导致财富分配失衡。尤其是执政阶层的奢侈浪费或冗余开支会直接侵蚀社会积累的财富，因此需要严加防范。官府的精简高效与权力阶层的自我约束，能够有效减少资源消耗，使社会剩余得以留存。这种积累不仅为日常运转提供保障，更是应对灾害、战争等突发风险的物质基础。通过控制消耗规模，使财富的分配趋向合理，社会的抗风险能力就能随之增强。

"为之者疾"要求生产活动保持高效与勤勉。在技术条件有限的情况下，勤劳就是增加产出的不二法则。农民抢抓农时深耕细作，工匠反复锤炼手艺，商人加快货物流通，每个行业都通过专注与勤勉提升劳动效率，创造更多社会财富。这种效率不仅体现在个人努力中，更依赖生产体系的整体协调——从春耕秋收的辛勤劳作到作坊工序的紧密衔接，都在推动财富的持续增长。而"用之者舒"则强调消费必须与生产节奏相适应。财富的使用需遵循量入为出的原则，避免因过度消耗导致储备枯竭。生产与消费的辩证关系在此显现：高效生产为消费提供物质基础，适度消费为再生产积累资本，二者动态平衡才能维持经济系统的可持续运转。这种既追求短期效率又注重长期稳定的思维，展现出对经济运行规律的深刻把握。

《大学》还特别为财富问题划定了道德底线。"仁者以财发身，不仁者以身发财"，财富积累也有是非标准。通过正当手段积累财富、造福社会，是君子之道；若欺压百姓、破坏规则来谋取私利，终将自食恶果。执政者要以"仁"为标准，顾及民生，明辨是非，防止不义之财造成贫富悬殊，这样的经济政策才能既充实国库又安定民心，成为维系社会安定的纽带，让经济发展始终服务于人民福祉。

"财恒足矣"的实现，依赖于生产、分配、消费形成的良性循环。生产扩大为消费提供物质保障，合理分配确保财富流向均衡，节制消费积累发展资本，道德约束防止急功近利。因此，明君应努力做到：优化分工激发生产活力，控制消耗留存社会余粮，提升效率加速财富创造，伦理规范维持系统健康。这样既不盲目追求增长，也不极端要求节俭，而是在动态调节中寻求最佳平衡点。

"生财大道"可以说是一套完整的社会财富管理模型，通过把握生产与消费、效率与稳定、利益与道德的核心关系，构建起财富创造机制。《大学》的论述虽基于农耕文明的经验，但其揭示的基本原理具有超越时代的价值。

粮话——
创造财富不仅需要勤劳智慧，更需要节制有度。国家富足不只在于财富的绝对数量，更在于生产与消费之间的动态平衡。

节用而爱人

《周礼》
（四部丛刊明翻宋岳氏本）

荒政聚民

以荒政十有二聚万民：

一曰散利，二曰薄征，三曰缓刑，

四曰弛力[1]，五曰舍禁[2]，六曰去几[3]，

七曰眚礼[4]，八曰杀哀[5]，九曰蕃乐[6]，

十曰多昏[7]，十有一曰索鬼神，十有二曰除盗贼。

——《周礼·地官司徒·大司徒》（节选）

译文

用十二项救济灾荒的政策聚集万民：一是散发财物救济灾民，二是减轻赋税，三是减缓刑罚，四是免除百姓服劳役，五是解除山林川泽的禁令，六是废除关市的征税，七是简省吉礼，八是简省丧礼，九是收藏乐器不奏，十是鼓励婚嫁，十一是求索并祭祀鬼神，十二是铲除盗贼。

---

1 弛：放松、免除。 力：力役、徭役。 2 舍：废除、开放。 禁：禁令。 3 去：废除。 几（jī）：通"讥"，"讥"字本义是稽查、盘查，此处指在关卡、市场等处对过往行人、货物进行检查、询问，以防止违禁品流通、确保税收等。 4 眚（shěng）：减省、省去。 礼：礼仪、典礼。 5 杀（shài）：减少、降低。 哀：丧礼的哀仪。 6 蕃（fán）：通"藩"，遮蔽、停止。 乐：音乐、娱乐活动。 7 多：鼓励、增多。 昏：通"婚"，婚姻。

当灾荒席卷大地，饿殍遍野、流民四起之时，如何让破碎的社会重归安定？

三千年前《周礼》中的十二条对策，给出了穿越时空的答案："散利、薄征、缓刑、弛力、舍禁、去几、眚礼、杀哀、蕃乐、多昏、索鬼神、除盗贼。"这套被称为"荒政十二法"的方略，展现了周代应对危机的智慧，更揭示了灾难面前维系社会根基的核心逻辑——以民为本的治理，是一个系统工程。

灾荒初现时，百姓最迫切的需求是活下去。"散利"就是及时雨，官府开仓放粮，让灾民获得喘息之机。但这种简单的施舍，还不能解决根本问题，更需要通过"薄征"来减轻百姓负担，让他们留存自救的本钱。在鲁国大旱的记载中，官府将田租减少一半，让濒临破产的农户重燃生存的希望。"弛力"指暂停劳役，有助于解放灾民的生产力：当疲惫的农夫不必冒着旱情修建宫室时，他们就能全力投入抢修水渠、补种作物的劳动中。这三项政策构成救急的基础框架，既解燃眉之急，又为恢复生产创造条件。

但灾荒往往伴随着秩序崩坏。百姓生活困苦，迫于生计，一些人可能走上违法犯罪的道路。官府"缓刑"，适当放宽刑罚，对轻微犯罪之人从轻发落，并非纵容犯罪，而是展现仁慈与宽容，避免因严苛刑罚激化社会矛盾。齐景公时期，晏子谏言"饥者得食，寒者得衣"，主张对灾民犯罪网开一面，最终使动乱的临淄恢复秩序。"舍禁"要求开放山林川泽之利，允许百姓渔猎采集，实则是以疏代堵——与其耗费兵力封禁资源，不如让百姓在监管下获取生存物资，既缓解饥荒，又减少冲突。"去几"则是打通物资流通的阻碍，去除沿途不必要的关卡，减少关市的征税，让粮食等物资能顺畅地运往灾区，也彰显出官府在灾荒时开放包容的态度，增强社会凝聚力。

当生存危机稍缓，重建社会纽带便成为当务之急。推行"眚礼"，简化祭祀仪式，省下的三牲酒醴可充作口粮；推行"杀哀"来简化丧葬流程，避免因厚葬耗尽家财。这些打破礼制常规的举措，看似违背传统，其实是将虚礼转化为实用；"蕃乐"是指闭藏乐器不奏，灾荒时期大兴乐舞显然不合时宜。还有"多昏"——官府鼓励灾民婚配。灾荒致使人口减少，婚嫁不仅促进人口恢复，更能通过组建家庭增强社会稳定性。这些举措，让破碎的生活在烟火人间找到寄托，社会根基自然重获力量。

然而人祸往往比天灾更可怕。灾荒时期盗贼四起，既有活不下去的百姓，也有趁火打劫的匪徒。"除盗贼"理所应当，然而盗贼也有不同，是"因饥为盗"还是"蓄意为恶"，应对方式自然不同。对于前者应以招抚为主，对于后者则坚决打击。这需要官吏明察秋毫：卫文公治理外人袭扰时，一边剿灭流寇，一边收编饥民开垦荒地，最终化乱为治，就是很好的例子。而"索鬼神"看似荒诞，实则深谙民心——当百姓将灾祸归因于上天惩罚，官府主持祭祀便能缓解集体焦虑。这种"神道设教"的手段，在科学未明的时代，恰是稳定民心的特殊良药。

回望这套三千年前的救灾体系，其精妙处在于对人性需求与社会规律的把握，将生存保障、秩序维护、人心凝聚等任务编织成网，打造了经典的荒政范式。

粮话
——农业为基，却常遭灾荒与动荡冲击。十二策，以民为本，融合救灾与社会治理智慧。救荒之道，不在术的烦琐，而在道的通达——让政策带着温度落地，才能在废墟上重获新生。

节用而爱人

得道則愚者有餘失道則智者不足度水而无游數雖強必沉有游數雖羸必遂又況託於舟航之上乎治之本務在於安民安民之本在於足用足用之本在於勿奪時勿奪時之本在於省事省事之本在於節欲節欲之本在於反性反性之本在於去載去載則虛,則平平者道之素也虛者道之舍也

能有天下者必不失其國能有其國者必不喪其家能治其家者必不遺其身能脩其身者必不感於道故廣成子曰慎者必不虧其性能全其性者必不惑於道故廣成子曰慎守而內周閉而外 廣成子黃帝時人也 多知為敗毋視毋聽抱神以靜形將自正不得之已而能知彼者未之有也故易曰括囊无咎无譽能成霸王者必得勝者也能勝敵者必強

《淮南子》
（四部丛刊景抄北宋本）

节欲省事

为治之本，务在于安民。安民之本，在于足用。足用之本，在于勿夺时。勿夺时之本，在于省事[1]。省事之本，在于节欲。节欲之本，在于反[2]性。反性之本，在于去载[3]。去载则虚[4]，虚则平[5]。平者，道之素[6]也；虚者，道之舍[7]也。

——《淮南子·诠言训》（节选）

> **译文**
>
> 治理国家的根本，在于务必使百姓安定。使百姓安定的根本，在于使百姓财物充足。使百姓财物充足的根本，在于不耽误农时。不耽误农时的根本，在于减少事务。减少事务的根本，在于节制欲望。节制欲望的根本，在于回归本性。回归本性的根本，在于去除杂念。去除杂念就会达到虚空状态，虚空则能平和。平和，是道的本质；虚空，是道的居所。

---

1 **省**：削减、精简。　**事**：指政府征发的劳役、兵役或其他耗费民力的事务。　2 **反**：通"返"，意为"返回、回归"。　3 **去载**：抛弃负担或杂念。　**载**：本义为"装载"，此处引申为"累赘"。　4 **虚**：内心虚空（无杂念、不被外物所累的状态）。　5 **平**：心境平和。　6 **素**：本质、根本。　7 **舍**：居所、载体，指"道"所依存的状态。

《淮南子·诠言训》中这段关于治国之道的精辟论述，层层递进、环环相扣，揭示了治国理政的核心逻辑——从安定民生出发，最终回归到统治者的自我修养与道德境界。其核心思想可以概括为"节欲省事"，即通过克制欲望、减少干扰来实现社会的和谐稳定。

治国之道以"安民"为首要目标。在古代社会，"安民"意味着让百姓安居乐业、免受战乱和苛政之苦。而要让百姓安定，"足用"是关键——即满足基本的生活需求。如果百姓衣食无忧、家有余粮，社会自然稳定。然而，"足用"并非凭空而来，《淮南子·诠言训》指出其根本在于"勿夺时"，即不侵占农时、不干扰生产。农时是农业社会的命脉，"春耕、夏耘、秋收、冬藏"是百姓生存的根本法则。执政者若大兴土木、频繁征发徭役或发动战争，必然导致农田荒废、民生凋敝。因此，"勿夺时"成为治国的重要原则。

然而，"勿夺时"的前提是统治者必须"省事"。所谓"省事"，即减少不必要的政令、劳役和干预。古代许多政权的衰败往往源于执政者的好大喜功——不少大兴土木的工程过度消耗民力、违背农时，最终会导致社会动荡甚至政权崩溃。《淮南子·诠言训》强调"省事"，正是告诫统治者：治理国家并非越"勤政"越好，而是要懂得顺应自然规律和社会需求，减少不必要的干预。

那么，"省事"的根本又是什么呢？《淮南子·诠言训》进一步指出："省事之本，在于节欲。"这里的"欲"不仅指个人的贪欲和享乐之心，更包括执政者的权力欲、扩张欲和虚荣心，尤其是穷奢极欲。历史上不少的亡国案例都可作为注脚。《淮南子·诠言训》认为，"节欲"是治理国家的关键——只有统治者克制私欲、减少贪求，才能避免过度干预社会运行，减轻百姓负担。

然而，"节欲"也并非易事。"节欲之本，在于反性。"所谓"反性"，就是回归人的本真状态。道家认为人性本静、本朴，但世俗的诱惑使人迷失本性。《道德经》云："五色令人目盲，五音令人耳聋。"过度的物质享受和权力欲望会让人偏离自然之道。"反性"就是要摆脱外在的干扰和诱惑，回归内心的清净与平和。

要做到"反性"，就需要"去载"。"载"可以理解为外在的负担和束缚——如名利、权位、物欲等。"去载"意味着放下这些执念和累赘。《庄子·达生》中说："弃世则无累。"只有摆脱外在的牵绊，人才能回归本真状态。"去载则虚"，即内心空明无碍；"虚则平"，即心境平和安宁。"平"是"道"的本质，"虚"是"道"的归宿。当执政者达到这种境界时，就能自然而然地做到"无为而治"——不妄为，不扰民，顺其自然，无为而无不为。

从"安民"到"去载"，《淮南子·诠言训》的论述形成了一个完整的逻辑链条：治国必须安定民生，民生安定需要物质充足，物质充足依赖不误农时，不误农时要求减少政令干扰，减少干扰需要执政者节制欲望，节制欲望需回归本性，回归本性需去除外在束缚，去除束缚后内心虚静平和，虚静平和即是"道"的境界。这一过程既是对治国之道的阐述，也是对统治者个人修养的要求。

《淮南子·诠言训》的这一思想与儒家"修身齐家治国平天下"的理念有相通之处——都强调统治者的道德修养对社会治理的影响。但不同于儒家强调礼乐教化，《淮南子·诠言训》更倾向于道家的自然无为思想。它认为最好的治理不是依靠繁复的制度和严苛的法律来实现的，而是通过执政者的自我约束和对社会规律的尊重来达成的。"节欲省事"是一种高明的人生智慧——无论是国家治理还是个人生活，减少不必要的欲望和干扰才能回归本真、实现和谐。

粮话

政务之简源自欲望之节。人如果能克制膨胀的物欲，摒弃对奢华与过度物质享受的追逐，便能回归自然本真的质朴状态，摆脱世俗繁杂的负累。当心灵挣脱欲望的枷锁，回归宁静虚空之境，便能领悟"道"的真谛。

当正其衣冠摄其威仪何有乱头养望自谓宏达邪有奉馈者皆问其所由若力作所致虽微必喜慰赐参倍若非理得之则切厉呵辱还其所馈尝出游见人持一把未熟稻侃问用此何为人云行道所见聊取之耳侃大怒曰汝既不佃而戏贼人稻执而鞭之是以百姓勤于农殖家给人足时造船木屑及竹头悉令掌之咸不解所以后正会积雪始晴听事前馀雪犹湿于是以屑布地及桓温伐蜀又以侃所贮竹头作丁装船其综理微密皆此类也暨苏峻作逆京都不守侃子瞻为贼所害平南将军温峤要侃同赴朝廷初明帝崩侃不在

《晋书》
（清武英殿刻本）

执鞭戏稻

尝出游，见人持一把未熟稻，
侃问："用此何为？"
人云："行道所见，聊取之耳。"
侃大怒曰："汝既不田，而戏贼[1]人稻！"
执而鞭之。
是以百姓勤于农殖[2]，家给人足。

——《晋书·陶侃列传》（节选）

译文

（陶侃）曾经外出巡游，看见一个人拿着一把未成熟的稻谷，陶侃问："拿这个做什么？"那人说："走在路上看到的，随便取来玩玩罢了。"陶侃非常生气地说："你不仅不种田，还随意损害别人的稻谷！"于是抓住那人用鞭子抽打他。因此百姓勤奋地从事农业生产，家家生活富足，人人丰衣足食。

---

1 **戏**：戏弄。　**贼**：伤害，毁坏。　2 **农殖**：农耕种植。　**殖**：有"生产、繁殖"之意。

东晋时期的一个寻常日子，荆州刺史陶侃在巡视辖境时，看见路人手中把玩着未成熟的稻穗。陶侃厉声质问："用此何为？"路人漫不经心地回答："行道所见，聊取之耳。"这激怒了眼前以治军严明著称的官员，陶侃当即下令"执而鞭之"。

表面看来，陶侃的行为似乎过于严苛——仅仅因为采摘几株未成熟的稻穗就施以鞭刑。但如果将其置于特定的历史环境中审视，这一举动却展现出非凡的政治智慧。东晋立国之初，历经"八王之乱"与"永嘉之祸"的中原大地满目疮痍，大量流民南渡导致江南地区人地矛盾尖锐。据《晋书·食货志》记载，当时"谷一斛五十万，豆麦二十万，人相食啖"，在这种极端困境下，保护农业生产已不仅是经济问题，更是关乎政权存亡的政治任务。陶侃所在的荆州，是长江中游的重要粮仓，肩负着供应上游军队与下游建康（今江苏南京）百姓饮食的双重使命，稻田里每一株未成熟的稻穗，都可能影响到秋后的收成，甚至会动摇本就脆弱的政权根基，岂能当成儿戏！

陶侃出身寒门，少时家贫，曾有过"冬日负薪读书"的经历，对民间疾苦有着切肤之感。这种成长经历也塑造了他务实勤勉的执政风格，与当时崇尚"清谈"的士族风气形成鲜明对比。据记载，他任广州刺史时，"朝运百甓于斋外，暮运于斋内"，以体力劳动来砥砺意志；在荆州任上，"综理微密"，连竹头木屑都命令收集备用，展现出近乎苛刻的精细化管理风格。"执鞭戏稻"事件正是这种理念的典型体现——通过严惩细微过失来树立行为规范，在乱世中重建社会秩序。

从社会治理的角度看，陶侃此举蕴含着深刻的法家智慧。《韩非子·心度》有言："故明主之治国也，明赏，则民劝功；严刑，则民亲法。"在法制松弛的特殊时期，只有通过严厉惩戒才能快速确立行为边界。陶侃对路人行为的定性富有深意——将看似无心的采摘行为定义为"戏贼"，既强调了农业生产的严肃性，又赋予惩罚以道德正当性。陶侃的治理智慧还不止于此。"是以百姓勤于农殖，家给人足。"他不是为罚而罚，而是通过树立典型来引导社会风气。他明白在礼崩乐坏的时代，仅靠道德教化难以快速扭转社会风气，必须辅以看得见的惩戒手段。

史载陶侃在荆州任职期间，每逢农耕时节必亲自巡视田间，督促百姓勤于稼穑。他要求地方官员对精耕细作的农夫给予表彰和奖励,对那些不务正业或浪费粮食者予以惩处。这种严肃认真、赏罚分明的做法,使得荆州百姓"莫敢不劝",农业生产的积极性得到极大提升,数年间荆州呈现出了繁荣昌盛的景象。

当稻穗在秋风中低垂时,"家给人足"的景象或许就是对这位严厉刺史最好的褒奖。在这个意义上,"执鞭戏稻"不仅是一个关于惩罚的故事,更是一个关于建设的故事——通过确立不可逾越的红线,最终实现社会的良性发展。这或许就是这则古老故事留给后世最珍贵的启示:治理的艺术不在于手段本身的美恶,而在于是否能够引领社会走向更好的未来。

陶侃像(明·高宗哲《历代君臣图像》)

粮话
——
当青年将未熟稻穗编成草环时,玩弄的不仅是自然的馈赠,更是维系社会运转的根基。陶侃扬起的鞭,不仅是抽打无知的浪费者,更是对农耕文明的深情守护。

节用而爱人

161

秦二州刺史癸卯以新除中書監晉安王子懋為雍州刺史丙午以冠軍將軍王文和為益州刺史三月乙亥雍州刺史王奐伏誅夏四月壬午詔東宮文武臣僚可悉度為太孫官屬甲午立皇太孫昭業太孫妃何氏詔賜天下為父後者爵一級孝子順孫義夫節婦粟帛各有差癸卯以驍騎將軍劉靈哲為兗州刺史五月戊辰詔曰水旱成災穀稼傷弊凡三調眾逋可同申至秋登京師二縣朱方姑熟可權斷酒庚午以輔國將軍蕭惠

《南齊書》
（欽定四庫全書本）

申至秋登

水旱成灾，谷稼伤弊[1]，
凡三调众逋[2]，可同申至秋登[3]。
京师二县、朱方、姑熟，可权[4]断酒。

——《南齐书·本纪·武帝》（节选）

凤鸟纹爵（西周中期，故宫博物院藏）

译文

水灾和旱灾酿成灾害，谷物庄稼受损，凡是田租、户调（布帛）与杂调（力役或钱币）等各种拖欠的赋税，可以一同申请延迟到秋天庄稼收获的时候再征收。京城的两个县和朱方、姑熟两个城，可以暂时禁止酿酒。

---

1 **伤弊**：受损、衰败。 2 **众逋**（bū）：各种拖欠的（赋税、债务等）。 **逋**：拖欠、未偿还。 3 **申**：通"伸"，延长、延缓。 **秋登**：秋季庄稼成熟收割。 4 **权**：暂时、姑且。

南齐建元四年（公元482年）三月，齐高帝萧道成病逝，太子萧赜继位为齐武帝。这位曾参与平定"刘宋内乱"的皇子，在执政时期励精图治、锐意进取，但常面临着复杂的治理难题。尤其是永明年间水旱之灾频发，严重冲击着立国未稳的南齐政权。

据《南齐书·五行志》记载，永明八年吴兴大水，永明十年丹阳旱蝗，至永明十一年（公元493年）五月，连续的水旱灾害已使建康周边形成衰颓图景，导致粮食减产，农业受损，百姓生活困苦。为缓解灾情，齐武帝立即颁布诏令，系统实施赈济措施。

诏令中"凡三调众逋，可同申至秋登"的内容，具有制度创新意义。其核心在于对"三调"赋税的延期征收。所谓"三调"，即南朝赋税体系中的田租、户调（布帛）与杂调（力役或钱币）。水旱灾害导致农作物绝收，若强行催征，必然加剧百姓破产流亡。齐武帝将赋税推迟至秋季谷物成熟后再行征收，这一决策体现了他对百姓实际困难的体恤。秋收是农业社会的重要节点，经过一段时间的恢复，百姓或许能在秋季有一定的收成，从而具备缴纳赋税的能力。这样的延缓，给了百姓喘息之机，让他们能够将精力集中到灾后的生产自救上，而不必为眼前的赋税压力所迫。同时，对于国家而言，这也是一种长远的考量。强行征收无法获得实际的赋税收入，反而会失去民心，在保障民生的基础上延至秋季，则有望获得稳定的赋税来源，维持国家的财政运转。

至于"京师二县、朱方、姑熟，可权断酒"的禁令，则凸显了灾年粮食短缺下资源调配的智慧。酿酒需要消耗大量谷物，晋人王羲之曾言："断酒一年，所省百余万斛米。"在粮食匮乏的灾年，继续酿酒无疑会加剧粮食危机，因此禁酒便成为当务之急。齐武帝划定的禁酒范围，是经过一番考量的：京师二县，即当时的政治中心，朱方（今江苏镇江）控扼长江漕运咽喉，姑熟（今安徽当涂）是重要的米粮集散地，四地均为人口密度高、消费能力强的重镇。在这四地推行禁酒令，实质是抓住要害区域，将有限的粮食从非必需消费领域转移到民生保障上，尽管对贵族阶层的酒醴消费造成冲击，但在粮食危机中确保了漕运劳力和城市人口的基本口粮。

齐武帝的赈灾政策还包含一系列配套措施：例如，同年六月霖雨成灾后，即派中书舍人赈济京邑；七月再下诏救助受灾贫病人群，特别关注"孤老稚弱"群体。这种分层施策的思路，既包括赋税延期、禁酒等宏观政策调整，又有定点赈济、弱势救助等具体执行方案，形成了完整的赈灾体系。这些措施，在《南齐书·本纪·武帝》中都有提及。另外，他还在京师及诸州设立粮储机构，史载其在丹阳、吴兴等受灾地区增置仓廪，加强粮食储备（《通典·食货十二》），通过官府收储粮食调节市场供需，以平抑粮价。针对灾后流民，官府推行鼓励返乡政策，免除赋役，并提供种子与耕牛。此类赈灾措施反映了齐武帝将赈济与农业恢复相结合的治理思路。

齐武帝的荒政实践具有从危机应对转向制度预防的特点，成为中国古代救荒制度演进的重要环节，具有承前启后的意义。同时，也彰显了古代君王因时制宜、务实权变的治理智慧。

粮话

体恤民生是为政之本，让困厄中的民众得以在秋登时重获生机，让禁酒令在粮食危机中优先保障民生刚需，展现出"舍末逐本"的决断智慧，蕴含了因时制宜的权变思维，彰显了民生为先的价值坚守。

节用而爱人

贞观十六年,太宗以天下粟价率计斗直五钱,其尤贱处计斗直三钱,因谓侍臣曰:国以民为本,人以食为命,若禾黍不登,则兆庶非国家所有。既属丰稔,若斯朕为亿兆人父母,唯欲躬务俭约,必不辄为奢侈。朕常欲赐天下之人皆使富贵,今省徭赋,不夺其时,使比屋之人恣其耕稼,此则富矣。敦行礼让,使乡闾之间少敬比鄙音

《贞观政要》
（钦定四库全书本）

躬务俭约

国以民为本，人以食为命，
若禾黍不登，则兆庶非国家所有。
既属丰稔若斯，朕为亿兆人父母，
唯欲躬务俭约，必不辄[1]为奢侈。
朕常欲赐天下之人，皆使富贵。
今省徭赋，不夺其时，使比屋之人，
恣[2]其耕稼，此则富矣。

——《贞观政要·务农》（节选）

译文

国家以民众为根本，人以食物为性命。如果粮食歉收，那么百姓就不是国家所能拥有的了。现在既然庄稼如此丰收，我作为亿万百姓的父母，只想亲自致力于节俭，一定不会轻易地追求奢侈。我一直想让天下的人都能富贵。现在减少徭役和赋税，不耽误农时，让家家户户都尽情地耕地种田，这样他们就富足了。

---

1 辄：轻易、随便。　2 恣（zì）：放任、任凭。

贞观十六年（公元642年），唐太宗召见群臣，面对丰收的喜报，他并未沉醉于功业，反而告诫侍臣："国以民为本，人以食为命，若禾黍不登，则兆庶非国家所有。"这番载入《贞观政要·务农》的言论，将盛世辉煌背后的民生逻辑展露无遗。

隋炀帝大业七年（公元611年），山东、河南暴发严重水灾，但官府仍强征民力筹备"高句丽之战"。同年，邹平人王薄因反对征辽徭役，在长白山作《无向辽东浪死歌》，以"譬如辽东死，斩头何所伤"号召民众反抗，揭开隋末民变的序幕。这场持续十余年的战乱波及全国，隋亡时各地一派衰败景象。

这段历史深刻影响了唐太宗的政治理念。面对"率土百姓，零落殆尽"的困局，他推行"以民为本"政策。贞观元年至三年（公元627—629年），饥灾、蝗灾、水灾连续不断，唐太宗迁关中灾民至其他诸州就食。针对灾荒，官府建立义仓制度，以备凶年，形成系统救灾机制。唐太宗深刻意识到食与民、民与国的紧密关系，因此即便处于粮食丰收的喜悦中，也没有大意懈怠，更没有忘乎所以，反而意识到自己作为百姓的"父母"，要"躬务俭约"，充分展现了他作为君王的担当和勤俭节约的品德。史载唐太宗"去奢省费，轻徭薄赋"，他的个人生活与隋炀帝形成鲜明对比：宫中妃嫔衣裙不饰锦绣，陵寝建制"因山为陵"，节省民力，甚至将隋炀帝遗留的数千宫人放归民间婚配。这种以百姓为中心的思想，在封建君王中是难能可贵的。俭约，不仅是一种个人的生活态度，更是一种治国的智慧。

为实现"常欲赐天下之人，皆使富贵"的愿景，唐太宗推行了让百姓富裕的具体措施。据《新唐书·食货志》记载，贞观年间，官府允许以庸代役或在特殊情况下减免劳役，田赋实行"租庸调制"，遇灾可奏请减免。通过减轻徭役和赋税，让百姓有更多的时间和精力投入农业生产中，让每一户人家都能安心耕种，从而实现富裕。《册府元龟》中也提到，贞观初年释放浮游人口归农，进一步保障农时。减轻百姓的负担，增加他们的生产时间，这是促进农业发展、增加粮食产量的重要手段。当百姓的粮仓充实了，生活富裕了，国家自然也就安定繁荣了。唐太宗显然把握住了国家的命脉。

唐太宗的民生实践带来了显著成效。据《资治通鉴》记载，贞观四年（公元630年）西域商人途经中原时，惊叹"行旅自京师至于岭表……皆不赍粮，取给于路"。据《通典》记载，贞观初期全国户口仅200余万户，到贞观二十三年已增至380万户，耕地面积扩大近三分之一，粮食储备可供全国食用数年。更重要的是，民生理念通过一系列政策转化为现实治理效能，形成了"路不拾遗，夜不闭户"的社会秩序和"村落间皆有储积"的富足景象，这正是唐太宗民生政策结出的硕果。

唐太宗将个人道德修养转化为国家治理效能的政治艺术，使得"民为邦本"的古老训诫真正落地为可操作的施政方案。这种治理智慧，不仅成就了"贞观之治"的盛世华章，更为后世留下了如何将民生关怀转化为治国方略的伟大启示。

粮话

节用而爱人

当"国以民为本"的理念化作阡陌纵横，当"躬务俭约"的实践凝结为千年粮粟，历史的镜鉴照见真谛：禾黍藏着民心向背，俭奢决定存亡天机。君王的胸襟，大唐的气象，人皆使富贵。

李参字清臣郓州须城人以荫知盐山县岁饥谕富室出粟平其直予民不能籴者给以糟粕所活数万通判定州都部署夏守恩贪滥不法转运使叅按之得其事守恩谪死知荆门军荆门岁以夏伐竹并税簿输荆南造舟积日久多蠹恶不可用牙校破产不偿责叅请冬伐竹度其费以给餘募商人与为市遂除其害歴知兴元府淮南京西陕西转运使部多戍兵苦食求不审订其阙令民自隐度麦粟之嬴先贷以钱俟谷熟还之

《宋史》
（钦定四库全书本）

先贷以钱

令民自隐度麦粟之赢[1]，先贷以钱，俟[2]谷熟还之官，号青苗钱。

——《宋史·李参传》（节选）

至和通宝（宋仁宗时期流通的钱币）

译文 命令百姓自己估量麦子和粟米的盈余情况，先把钱借贷给他们，等到谷物成熟后再还给官府，称作"青苗钱"。

---

1 隐度（duó）：自行估算、私下计量。　赢：盈余、剩余。　2 俟（sì）：等待。

自"澶渊之盟"后,宋辽边境相对稳定的政治环境给百姓带来了农业生产恢复的契机,但频繁的自然灾害与沉重的赋税负担,依然让北方农户常年处于窘迫境地。

据《宋会要辑稿》记载,陕西地区在宋仁宗执政期间平均每三年就发生一次较大规模的旱灾。灾年期间,富户以"倍称之息"使放贷成为常态。农民被迫以土地抵押借贷,灾后多因债务危机失去土地,沦为佃户或流民,进而引发了社会动荡。

作为长期任职于陕西的地方官员,李参对基层民生有着深刻体察。当时的陕西不仅是农业产区,更是西北边防的后勤枢纽,"冗兵"问题带来的粮草压力始终悬在地方财政头上。传统的粮食征购方式存在明显弊端:官府往往在收获季节强制压价收购,导致"谷贱伤农";而青黄不接时又因粮价攀高而陷入供应困境。这种供需矛盾既损害了农民利益,也威胁到边防安全。正是在这样的背景下,李参提出了"先贷以钱"的政策构想,试图通过官府主动介入金融领域,在保障民生与巩固边防之间找到平衡点。

"令民自隐度麦粟之赢",要求农户对粮食产量"自主申报"。农民对自家土地的产出能力有着天然的认知优势,让他们自行估算粮食产量,既避免了官府派员丈量的行政成本,又减少了基层官吏借机盘剥的可能性。这种建立在信任基础上的制度设计,体现了基层治理中与民方便的执政理念。

"先贷以钱"构建了新的银粮流通机制。货币借贷相较于粮食借贷具有明显优势:货币的标准化降低了交易成本,便于百姓根据实际需求灵活使用;同时,官府通过控制货币投放,可以在青黄不接时平抑市场,遏制高利贷的扩张。值得注意的是,李参并未规定贷款的具体用途,而是赋予了农民自主权。他们既可以用于购买种子农具,也能应对突发的生活开支,政策弹性充分尊重了农业生产的多样性。

"俟谷熟还之官"实现了政策的闭环。一方面,以粮食收获周期为还款期限,与农业生产的自然节律相契合,避免了"一刀切"的还款压力;另一方面,"还之官"明确了还款对象,既区别于民间私人借贷,也不同于无偿赈济,而是建立在契约关系基础上的官民经济往来。这种制度设计让官府从单纯的征税者转变为金融中介，在保障国家粮食安全的同时，也为百姓留下了休养生息的时间。

李参的农贷政策在经济层面取得显著成效。据《续资治通鉴长编》记载，其在陕西转运使任上推行该政策，通过预支官钱解决军粮供应问题，最终实现"县官有粮，他郡多转漕致"。这种创新机制既缓解了边地驻军粮草压力，又使农民免受"兼并之家乘急要利"之困，形成官民互利格局。《宋史》还记载李参任盐山知县时，遇饥荒即"谕富室出粟，平其直予民"，使数万人免于饿死，获得民众响应。

从制度创新的角度看，李参的实践为后世提供了重要的政策参照。熙宁年间（公元1068—1077年），王安石推行的"青苗法"，其核心理念明显受到李参政策的影响。但"青苗法"在实施过程中因过度追求财政收益而偏离初衷，导致农民苦不堪言，与李参让百姓"自愿请贷"的效果形成鲜明对比。由此可见，李参之策的善政本质。

粮话

在尊重经济规律的前提下，通过制度创新平衡各方利益，以柔性的经济手段替代刚性的行政命令，最终实现社会整体福利的提升。真正的善政，永远扎根于对民生的深切关怀，立足于对规律的深刻把握，成就于对创新的勇敢实践。

节用而爱人

岂得复有私营近有于皇城内玄苑养鸡鹅性縻
费食米今四方蝗旱之後民尚艰食朕日夜
为忧此辈坐享膏梁不知生民艰难而暴殄
天物不恤论其一日养性之费当饥民一家
之食朕已禁戢之矣尔等识之自今敢有复
尔必罪不宥

成祖谓待臣曰我朝大经大法皆
太祖皇帝所立以传子孙昨有憸人为朕言朝
廷法太宽非所以为治朕已斥之今朕当守

《皇明典故纪闻》
（万历刊本）

必罪不宥

此辈坐享膏粱,不知生民艰难而暴殄[1]天物不恤。论其一日养牲之费,当饥民一家之食,朕已禁戢[2]之矣。

尔等识之,自今敢有复尔,必罪不宥[3]!

——《皇明典故纪闻·卷六》(节选)

《永乐大典》(明成祖命解缙等辑)

译文

这些人坐享美食,不知道百姓生活的艰难,却肆意浪费财物而不体恤他们劳作的辛苦。估量他们一天喂养牲畜的费用,相当于饥饿百姓一家人的食物,我已经禁止这种行为了。你们要记住这件事,从现在起如果有人敢再这样做,必定惩罚,绝不宽恕。

---

1 殄(tiǎn):灭绝、用尽。 2 戢(jí):收敛,约束。 3 宥(yòu):宽恕。

明代学者余继登在《典故纪闻》中记录了明成祖朱棣的一段尖锐批评，直指当时盛行的奢靡之风。

明初，历经多年战乱，社会经济遭受严重破坏，农业生产陷入停滞，粮食短缺成为严峻问题。朱棣即位后，肩负起恢复经济、稳定社会的重任，粮食安全便成为他关注的核心问题之一。

到了永乐年间，国力渐趋恢复，经济呈现繁荣景象。然而，随着商业和手工业的发展，部分官员和富贵人家开始追求奢华生活，粮食浪费现象越演越烈。与此同时，自然灾害与局部战争的影响仍在持续，一些地区的百姓依旧挣扎在饥饿与贫困之中。面对严峻的粮食问题，朱棣深知粮食来之不易，他以身作则践行节俭，要求宫廷上下及官员带头节约粮食，严禁铺张浪费行为，向奢靡现象发出严厉警告。

有一天，朱棣在巡视皇城时，发现太监用白米喂鸡，如此浪费粮食的行为令他震怒。他当即下令将涉事太监重打二十板，并枷号示众半个月。在朱棣看来，这些人生活优渥、"坐享膏粱"，占据着丰富的物质资源，却对百姓的困苦视而不见，肆意浪费粮食。他们用于饲养牲畜的花费，竟相当于饥民一家的口粮。为满足个人私欲而浪费大量粮食饲养牲畜，这种行为不仅是道德缺失的表现，更反映出富者越富、贫者越贫的社会不公现象。他们的奢侈浪费与百姓的饥寒交迫形成了鲜明对比，加剧了社会矛盾，对政权的稳固构成威胁。朱棣敏锐地意识到，若听任奢靡之风蔓延，不仅会消耗有限的粮食资源，更会动摇民心，危及统治根基。

为纠正这种不良社会风气，朱棣态度坚决地下令禁止。他要求作为国家管理者的官员，必须认真履行监督和执行禁令的职责，确保禁令有效实施，否则必将受到惩罚。"必罪不宥"的铿锵之语，彰显了朱棣对粮食问题的深刻洞察与果断决策。

作为雄才大略的君王，朱棣在位期间高度重视粮食安全问题。他深知粮食是国家的根本、百姓的命脉，因此采取了一系列积极有效的措施，以保障粮食的稳定供应与合理利用。在农业生产方面，他推行减免赋税、提供农具种子等优惠政策，鼓励农民积极耕种，保障粮食产出。同时，他下令兴修水利工程，投入大量人力、物力、财力，疏浚维护运河，改善灌溉条件，提升土地肥力和产出能力，为农业生产奠定坚实的基础。在粮食储备方面，朱棣同样颇为用心。他完善仓储制度，在全国各地设立粮仓，储备大量粮食，以应对自然灾害等突发事件，确保灾荒之年能够及时救济百姓。此外，他还注重粮食的合理调配，根据不同地区的需求，科学安排粮食的运输与分配，平衡各地粮食供应。

明成祖朱棣对粮食问题的清醒认知与铁腕治理手段，不仅是对明初民生困境的破局之道，更折射出古代"民以食为天"政治智慧中的核心逻辑——节俭要成为文明自觉，粮食安全意识要融入民族血脉，这样无论历史风云如何变幻，国家发展都有坚实的根基。

明成祖朱棣像轴（明人绘，台北"故宫博物院"藏）

粮话

"必罪不宥"的雷霆手段，将粮食节约从道德倡导升华为制度约束。只有将节约粮食的理念嵌入制度基因，让权力始终保持对土地的敬畏，才能避免"朱门酒肉臭"的悲剧。

节用而爱人

附录

本书主要思想相关人物简介

神农氏
（生卒不详）

传说中远古部落首领。远古人民过着采集渔猎的生活，相传至神农始教民用木制耒、耜，耕种，从事农业生产。又传说神农尝百草，始有医药，治疗疾病。一说神农氏即炎帝。（摘自《中国历代人名大辞典》）

大　禹
（生卒不详）

大禹或作夏禹。夏代开国国君。姒姓，名文命。鲧子。鲧治水无功，舜命禹为司空继续治水。禹亲历各地疏通江、河，平洪水，理山川，分土地等级，制定贡赋。相传舜选禹为继任人。舜卒，禹得各部族拥戴为天子。建立夏代，号夏后。传说禹曾铸象征国家之神器九鼎。又传禹年百岁，卒于会稽。今绍兴有禹陵。（摘自《中国历代人名大辞典》）

后　稷
（生卒不详）

相传为远古时人，名弃。为周族始祖。传说为有邰氏女姜嫄踏巨人足迹怀孕而生，以为不祥，一度被弃,因名弃。善于种植各种谷物。舜时封于邰,号曰后稷,别姓姬氏。十五传至周武王,遂有天下。(摘自《中国历代人名大辞典》)

周公旦
(生卒不祥)

西周王族。姬姓,名旦,亦称叔旦。周文王子,周武王弟。采邑在周。佐武王伐纣灭商。周武王卒,成王幼,周公摄政。平管叔、蔡叔之变,定东夷之乱。封长子伯禽于鲁。周成王长,还政于王。营建东都成周,迁殷贵族于成周,加强控制。又制定礼乐制度,分封诸侯,使周王朝强盛。卒,周成王赐鲁国天子礼乐以褒其德。(摘自《中国历代人名大辞典》)

虢文公
(生卒不祥)

西周虢国国君,谥号文公,又称虢季。据今本《竹书纪年》记载周宣王十五年(公元前813年):"王锡虢文公命。"《国语·周语上》记载:"宣王即位,不籍千亩,虢文公谏曰,不可。"虢文公鼎记载:"虢文公子段作叔妃鼎,其万年无疆,子子孙孙永宝用享。"虢文公鬲记载:"虢文公子段作叔妃鬲,其万年子子孙孙永宝用享。"(摘自"维基百科")

管 仲
(?—公元前645年)

管仲即管敬仲。春秋时齐国颍上人,名夷吾,字仲。与鲍叔牙友善。初事公子纠,奔鲁。齐襄公被杀,公子纠与公子小白(即齐桓公)争位失败,以好友鲍叔牙推荐,齐桓公不念前仇,于鲁庄公九年任为卿,尊为仲父。执政期间,因势制宜,实行改革。实行国野分治,分国都为士乡十五,工商乡六；分鄙野为五属，设五大夫分别治理。并以士乡的乡里编制与军队编制相结合，编制三军。制定选拔人才制度，士经三审，可选为上卿之赞。于野则主张按土地肥瘠，分级征税。设盐铁官，煮盐制钱。适度征发力役，无害农时，禁止掠夺家畜。并制定以交纳兵器赎罪之刑法等等。齐日益富强，使齐桓公以尊王攘夷为名，九合诸侯，成为春秋第一个霸主。卒谥敬。今本《管子》，托名管仲所作，其中《牧民》《形势》《权修》《乘马》等篇有其遗说，《大匡》《中匡》《小匡》等篇述其遗事。（摘自《中国历代人名大辞典》）

有 若
（公元前518年—？）

春秋末鲁国人。孔子弟子。曾云"礼之用，和为贵""孝弟也者，其为仁之本与"。貌似孔子。孔子卒后，弟子思慕孔子，于他特别尊重。（摘自《中国历代人名大辞典》）

勾 践
（？—公元前465年）

春秋末越国国君。其父允常为吴王阖闾所败。勾践元年与吴战，败吴师于欈李，吴王阖闾受伤，旋死。吴王夫差报仇，败越于夫椒。勾践以余部五千屯会稽，使文种因吴太宰伯嚭求和。后二年，使文种守国，与范蠡入臣于吴。返国后，苦身焦思，卧薪尝胆，用范蠡、文种等策，十年生聚，十年教训，转弱为强。勾践十五年，乘吴王夫差北上黄池与晋争霸，攻入吴都，迫吴求和。后终灭吴。继又北渡淮，会诸侯于徐州，贡于周，受方伯之命，成霸主。在位三十二年。（摘自《中国历代人名大辞典》）

计 然
（生卒不祥）

春秋末葵丘濮上人，名研。一说姓辛，字文子。其先人乃晋之公子。博学，尤善计算。南游于越，范蠡师事之。为勾践谋，提出"知斗则修备，时用则知物""农末俱利，平粜齐物，关市不乏""财币欲其行如流水"等策，修之十年，富国兵强，遂报强吴。范蠡用其策治产，富至巨万。一说，计然为范蠡所著书篇名。或说，即越大夫文种。（摘自《中国历代人名大辞典》）

墨 子
（约公元前468年—公元前376年）

墨子即墨翟。战国初鲁国人，一说宋国人。墨家创始者。曾任宋国大夫。阻止鲁阳文君攻郑。又说服公输般，阻止楚攻宋。初学儒者之业，受孔子之术；后另立新说，聚徒讲学，弟子满天下。与儒家对立，并称儒墨显学。宣传摩顶放踵，利天下而为之。主张兼爱、非攻、尚贤、尚同，反对儒家繁礼厚葬，提倡薄葬非乐，反对世卿世禄制度，提出"三表法"，以检验言论是非。著有《墨子》，为墨子及其后学著作之总集。（摘自《中国历代人名大辞典》）

商 鞅
（约公元前390年—公元前338年）

商鞅即公孙鞅，亦称卫鞅。战国时卫国人。在秦时以战功封于商，亦称商鞅、商君。少好刑名之学，初为魏相公叔痤家臣。痤死，入秦，初任左庶长，实行变法，取消分封制和世袭制。令民为什伍，有罪连坐；有军功受爵，私斗者判刑；耕织得粟帛多者免徭役；经商及怠而贫者，连其妻子没为官奴婢；宗室无军功者无爵位。行之十年，民勇于公战，怯于私斗，乡邑大治。升大良造，进一步变法，迁都咸阳。全国推行县制，凡三十一县。开阡陌封疆,平赋税。统一度量衡,颁布标准器。秦孝公二十二年,智擒魏将公子卬,大破魏军。相秦十年,为秦奠定富强基础。秦孝公卒,为公子虔等诬害,被车裂。著有《商君书》。(摘自《中国历代人名大辞典》)

孟 子
(约公元前372年—公元前289年)

孟子即孟轲。战国时邹人,字子舆。鲁公族孟孙氏后裔。少丧父,母三迁其居,使近学宫习礼知学。受业于子思之门人。尝至齐、宋、滕、魏等国游说。一度任齐宣王客卿,终不见用。主张行"仁政",提出"民贵君轻""人性本善"等说,以冀说服诸侯,反对武力兼并。又倡"良知""良能"说,教人存心养性。与万章等门人集儒家论述著书立说以终。学说对后世影响甚大,被认为是孔子儒家学说之继承者。宋元之际配享孔庙,称"亚圣"。著有《孟子》,今存七篇。(摘自《中国历代人名大辞典》)

荀 子
(约公元前313年—公元前238年)

战国时赵国人,名况,字卿。汉人避汉宣帝讳,称孙卿。游学于齐,齐襄王时三为稷下学宫祭酒。秦昭王四十一年至秦,赞秦政治清明。旋回赵,在赵孝成王前议兵。约楚考烈王八年,任楚兰陵令。后家兰陵,著书授徒。其学术源于儒而博采众家之长。主"制天命而用之",重视"征知",强调"解蔽""制名以指实"。主张性恶论,重视"化性起伪"。反对"法先王",主张"法后王",尊礼重教。韩非、李斯均从之受学。著有《荀子》。(摘自《中国历代人名大辞典》)

吕不韦
（？—公元前235年）

战国末卫国濮阳人。原为阳翟大商人，偶遇为质于赵之秦公子异人（后名子楚），视为奇货，设策使归嗣位，为秦庄襄王。任秦相，封文信侯。攻灭东周，建三川郡，又占领韩、魏上党郡，北略赵地，建太原郡。秦王政立，继任相国，尊为仲父。又攻韩、魏，建置东郡。门下食客三千，家僮万人。秦王政十年亲政后，被免职徙蜀，忧惧自杀。曾令宾客编撰《吕氏春秋》。（摘自《中国历代人名大辞典》）

晁 错
（公元前200年—公元前154年）

西汉颍川人。习申不害、商鞅刑名之术。汉文帝时，以文学为太常掌故。奉命受今文《尚书》于伏生。累迁太子家令，为太子（汉景帝）信用，号智囊。迁中大夫。上书言事，主张徙民备边，抵御匈奴袭扰，削诸侯王权，以固朝廷。汉景帝立，任内史，迁御史大夫。汉景帝采纳其意见，更定法令，削诸侯枝郡。前三年，吴楚七国以诛错"清君侧"为名，起兵反。为袁盎所谮，被朝衣斩于市。著有《晁错》，已佚，有辑本。（摘自《中国历代人名大辞典》）

贾 谊
（公元前200年—公元前168年）

西汉河南洛阳人。年十八，即以文才出名。年二十余，汉文帝召为博士，迁太中大夫。数上疏，言时弊，为大臣周勃、灌婴等所毁，贬为长沙王太傅，迁梁怀王太傅。曾多次上书，主张重农抑商，建议削弱诸侯王势力。因怀才不遇，忧郁而死。所著政论《陈政事疏》《过秦论》等，为西汉鸿文。世称贾太傅，又称贾长沙，亦称贾生。著

有《新书》《贾长沙集》。（摘自《中国历代人名大辞典》）

刘 安
（公元前179年—公元前122年）

刘安即淮南王。西汉宗室。高祖孙，淮南王刘长之子。汉文帝十六年袭父爵为淮南王。善为文辞，才思敏捷。吴楚七国反，曾谋响应，因国相反对而未遂。汉武帝即位，安暗整武备。元狩元年事败，举兵未成，旋自杀。宾客、大臣牵连被诛数千人。曾招致宾客方术之士作《鸿烈》，后称《淮南鸿烈》，亦称《淮南子》，《汉书·艺文志》列为杂家。（摘自《中国历代人名大辞典》）

赵充国
（公元前137年—公元前52年）

西汉陇西上邽人，后徙金城令居。字翁孙，善骑射，有谋略，熟知边情。汉武帝时，以六郡良家子补羽林，以假司马从李广利击匈奴，以功拜中郎，迁车骑将军长史。汉昭帝时，以大将军护军都尉率兵平定武都氐人起兵，迁中郎将、水衡都尉。又击匈奴，擢后将军。汉昭帝死，与霍光迎立汉宣帝，封营平侯。将兵屯边，匈奴不敢犯。神爵元年，先零羌叛，年七十六而率军破羌。复为后将军、卫尉。其子有罪自杀，因罢官。谥壮。（摘自《中国历代人名大辞典》）

王 符
（约公元85年—公元162年）

东汉安定临泾人，字节信。少好学，有志操，与马融、张衡等友善。耿介不同于俗，终生不仕。著《潜夫论》三十余篇，以讥当时得失，议论治国富民之道。（摘自《中国历代人名大辞典》）

陶 侃
（公元259年—公元334年）

东晋庐江浔阳人，字士行。少孤贫。为县吏。击破张昌、陈敏、杜弢，拜荆州刺史，镇武昌。深为王敦所忌，左转广州刺史，无事即朝暮运甓以习劳。敦败，复还荆州。东晋成帝咸和二年苏峻反，京都不守。温峤、庾亮推侃为盟主，力拒斩峻，收复建康。官至荆、江二州刺史，都督交、广、宁、江等八州诸军事。在军四十一年如一日，厌清谈浮华，常勉人惜分阴，为后世所称。封长沙郡公。卒谥桓。（摘自《中国历代人名大辞典》）

萧 赜
（公元440年—公元493年）

萧赜即齐武帝。南朝齐皇帝，字宣远，小字龙儿。齐高帝长子。刘宋末，任江州刺史、中军大将军。萧齐初建，立为皇太子。即位后，以旧怨诛杀散骑常侍荀伯玉、五兵尚书垣崇祖、车骑将军张敬儿等。镇压富阳唐寓之起事。重视文学、教育，立国学，以王俭领国子祭酒。又修订张斐、杜预两家律注成书。崇信佛教，不喜游宴、雕绮之事，临终嘱丧礼从简，不得烦民。在位十一年，谥武，庙号世祖。（摘自《中国历代人名大辞典》）

李安世
（公元443年—公元493年）

北魏赵郡人。北魏献文帝天安初拜中散，累迁主客令。后接待南齐使臣刘缵，以功迁主客给事中。太和九年，上疏请均田，以限制强宗豪族多占民户，而可增加朝廷收入。北魏孝文帝深纳之。出为安平将军、相州刺史，爵赵郡公。劝农桑，禁淫祀。诱杀聚众起事之广平人李波及其子侄。（摘自《中国历代人名大辞典》）

苏 绰
（公元498年—公元546年）

西魏京兆武功人，字令绰。善算术。宇文泰召为行台郎中。周惠达称其有王佐之才，拜大行台左丞，参典机密。始制文案程式，朱出墨入，及计账、户籍之法。迁大行台度支尚书，兼司农卿。又为六条诏书：治身心，敦教化，尽地利，擢贤良，恤狱讼，均赋役。令地方官吏不通六条及计账者不得居官位。尽其智能，襄助宇文泰。奉令依《周礼》改官制，未成，积劳成疾而卒。（摘自《中国历代人名大辞典》）

颜之推
（公元530年或531年—公元591年）

北齐琅邪临沂人，字介。颜协子。生于江陵，幼受家业。博览群书，词情典丽。梁简文帝大宝元年，侯景陷郢州，被俘，囚送建康。景平，还江陵，梁元帝以为散骑侍郎。西魏破江陵，被俘北去，后携家奔北齐，文宣帝（高洋）引于内馆，使侍从左右。武成帝（高湛）时，掌文林馆，主编《修文殿御览》。后主（高纬）时，除黄门侍郎。齐亡入北周，与魏澹等重修《魏书》。周末为御史上士。隋文帝开皇中，太子召为学士。著有《颜氏家训》等。（摘自《中国历代人名大辞典》）

长孙平
（生卒不祥）

隋河南洛阳人，字处均。长孙俭子。初仕北周，累迁小司寇，与杨坚交好。及坚受禅，拜度支尚书，奏令民间立义仓，备凶年。自是乡里丰衍，民多赖之。突厥达头可汗、都蓝可汗互攻，奉诏至突厥宣谕，陈说利害，遂各解兵。后进位大将军，拜吏部尚书。仁寿中卒。谥康。（摘自《中国历代人名大辞典》）

李世民
（公元599年—公元649年）

唐高祖次子。隋末，劝父举兵反隋，征服四方，成统一之业。唐高祖武德元年，为尚书令，进封秦王。先后镇压窦建德、刘黑闼等起义军，讨平薛仁杲、王世充等割据势力。武德九年，发动玄武门之变，杀兄李建成及弟李元吉，遂立为太子。旋受禅即帝位，尊父为太上皇。锐意图治，善于纳谏，去奢轻赋，宽刑整武，使海内升平，威及域外，史称"贞观之治"。铁勒、回纥等族尊之为"天可汗"。在位二十三年，以服"长生药"中毒死，谥文皇帝。（摘自《中国历代人名大辞典》）

李 参
（公元1006年—公元1079年）

宋郓州须城人，字清臣。宋仁宗朝，以荫知盐山县。后历淮南、京西、陕西转运使，贷钱与民，待谷熟还官，号"青苗钱"，为熙宁青苗法之先导。宋英宗治平初历知瀛州、秦州。宋神宗时，以尚书右丞致仕。刚果严深，事至即决，时称能吏。（摘自《中国历代人名大辞典》）

吕祖谦
（公元1137年—公元1181年）

宋婺州金华人，祖籍寿州，字伯恭，学者称"东莱先生"。吕大器子。宋孝宗隆兴元年进士，复中博学宏词科。历官著作郎兼国史院编修官，参与重修《徽宗实录》，编纂刊行《皇朝文鉴》。博学多识，与朱熹、张栻等友善，讲索益精，时称"东南三贤"。为学主明理躬行，反对空谈心性，开浙东学派先声。卒谥成，改谥忠亮。著有《东莱吕太史集》《历代制度详说》等。（摘自《中国历代人名大辞典》）

朱 棣
（公元1360年—公元1424年）

明朝皇帝。明太祖子。洪武三年，封燕王。洪武十三年，至封地北平。屡率诸将出塞击北元。建文元年，起兵号"靖难"。建文四年，陷京师，即皇帝位。杀齐泰、黄子澄、方孝孺等，尽灭其族，坐"奸党"死者至众。次年，定年号永乐，改北平为北京顺天府。永乐十九年，迁都北京，以南京为留都。在位时，开会通河，解决南粮北运问题。五次亲自领兵出塞击败鞑靼、瓦剌二部。设立奴儿干都指挥使司，加强对东北边疆地区管理。自永乐三年起，派宦官郑和下西洋，终永乐之世，远航六次，最远曾达非洲东海岸。又用宦官监军，为明朝重用宦官之始。命解缙等纂修《永乐大典》。定文臣入直文渊阁，预机务之制。永乐二十二年，北征还至榆木川，病死。（摘自《中国历代人名大辞典》）

高 拱
（公元1512年—公元1578年）

明河南新郑人，字肃卿。嘉靖二十年进士。由庶吉士授编修。明穆宗为裕王时，拱为侍讲九年，甚受器重。累官为礼部尚书。嘉靖四十五年，由徐阶荐为文渊阁大学士。明穆宗即位，以帝旧臣自负，屡与阶倾轧，不自安，乞病归。隆庆三年冬，复起为大学士兼掌吏部事。行事颇与徐阶修怨，阶子弟颇横乡里，拱使监司蔡国熙编戍其诸子。次年，与张居正力排众议，促成俺答封贡，北边安定。明神宗即位，欲去中官冯保，卒为居正、保所排，罢去。著有《高文襄公集》等。（摘自《中国历代人名大辞典》）

徐光启
（公元1562年—公元1633年）

明松江府上海人，字子先，号玄扈。曾入天主教，教名保禄。万历三十二年进士。由庶吉士历赞善。万历二十八年在南京结识耶稣会传教士意大利人利玛窦。此后，从学天文、数学，且口译笔录，译成《几何原本》前六卷。天启间，累官为礼部右侍郎，为魏忠贤劾罢，落职闲住。崇祯元年召还。擢礼部尚书。奏请用西洋人龙华民、邓玉函、罗雅谷及汤若望等推算历法，造《崇祯历书》，自为监督。时后金（清）之势强，议造炮、练兵，有所实施。崇祯五年，以本官兼东阁大学士，入参机务，旋进文渊阁。次年十月病卒，谥文定。见识通达。所著《农政全书》，汇集本土生产经验，兼收西法。生平常言"富国需农，强国需军"，尤切时势。没后葬故里徐家汇。（摘自《中国历代人名大辞典》）

爱新觉罗·弘历
（公元1711年—公元1799年）

清朝皇帝。世宗第四子。雍正十一年封和硕宝亲王。雍正十三年八月嗣位，次年改元乾隆。即位后驱逐在内廷行走之僧道；释放被幽禁之允（胤）䄉等，恢复允（胤）䄉等宗室身份；又将宗室诸王所属旗人，均改为"公中佐领"，即归皇帝掌握。对汉族知识分子，采用笼络与惩罚并行手段，既于乾隆元年开博学鸿词科，乾隆三十八年开《四库全书》馆；又大兴文字狱，前后大案不下数十起，并借修书之便，销毁或窜改大量书籍。对西北方面，平定准噶尔部，消灭大小和卓木势力，解决康熙、雍正以来遗留问题。在位时六次南巡，多次进行镇压土司叛乱、农民起事战争，耗费大量钱财。晚年任用和珅，吏治腐败；陶醉于"十全武功"，自称"十全老人",对敢于指斥时弊之官吏,常严加斥责。同时,对各省亏空严重、督抚多不洁身自爱之状,知之甚详。乾隆五十八年,接见英国特使马嘎尔尼,拒绝英国所提出的侵略性要求,然并未引起任何警惕之心。乾隆六十年,宣布明年禅位皇十五子颙琰。次年正月,举行授受大典,自称"太上皇帝",仍掌实权。在位六十年。谥纯皇帝。(摘自《中国历代人名大辞典》)

参考文献

专著

张燕婴，译注. 论语[M]. 北京：中华书局，2006.

李小龙，译注. 墨子[M]. 北京：中华书局，2007.

张双棣，等译注. 吕氏春秋[M]. 北京：中华书局，2007.

胡平生，陈美兰，译注. 礼记·孝经[M]. 北京：中华书局，2007.

尚学锋，夏德靠，译注. 国语[M]. 北京：中华书局，2007.

李山，译注. 管子[M]. 北京：中华书局，2009.

慕平，译注. 尚书[M]. 北京：中华书局，2009.

石磊，译注. 商君书[M]. 北京：中华书局，2009.

顾迁，译注. 淮南子[M]. 北京：中华书局，2009.

万丽华，蓝旭，译注. 孟子[M]. 北京：中华书局，2009.

韩兆琦，译注. 史记[M]. 北京：中华书局，2010.

陈仲夫，点校. 唐六典[M]. 北京：中华书局，2014.

杨天才，张善文，译注. 周易[M]. 北京：中华书局，2011.

方勇，李波，译注. 荀子[M]. 北京：中华书局，2011.

马世年，译注. 潜夫论[M]. 北京：中华书局，2018.

檀作文，译注. 颜氏家训[M]. 北京：中华书局，2007.

崔冶，译注. 吴越春秋[M]. 北京：中华书局，2019.

徐正英，常佩雨，译注. 周礼[M]. 北京：中华书局，2014.

骈宇骞，齐立洁，李欣，译注. 贞观政要[M]. 北京：中华书局，2012.

郁长荣，王璋. 中国古代粮食经济史[M]. 北京：中国商业出版社，1987.

李全根. 中国粮食经济史[M]. 南京：江苏人民出版社，1991.

王雷鸣. 历代食货志注释[M]. 北京：农业出版社，1984.

冯柳堂. 中国历代民食政策史[M]. 北京：商务印书馆，1998.

叶世昌. 古代中国经济思想史[M]. 上海：复旦大学出版社，2003.

钟祥才. 中国农业思想史[M]. 上海：上海交通大学出版社，2017.

孙洪升. 中国经济思想史[M]. 北京：中国人民大学出版社，2019.

杜武定. 粮食经济古诗文选[M]. 北京：中国商业出版社，1986.

军事科学院战争理论和战略研究部. 安邦大略——中国历代国家安全战略思想论析[M]. 北京：军事科学出版社，2007.

师高民. 中国粮食史图说[M]. 南京：江苏凤凰美术出版社，2015.

缘文. 永远的常平仓：中国粮食储备传统的千年超越[M]. 北京：社会科学文献出版社，2020.

论文

曹胜高. 早期中国公共秩序之建构［J］. 中原文化研究，2024，12（1）：71-79.

杨姝. 中国古代治理粮食安全问题的启示［J］. 吉林省经济管理干部学院学报，2011，25（1）：34-37.

杨建兵，王洁. 从五个向度解读中国式现代化的传统文化根基［J］. 延边党校学报，2024，40（5）：63-67.

吴松. 中国古代早期的农商关系问题［J］. 云南社会科学，1998（2）：55-61.

杨永泉. 中国古代民本思想、民主思想之考察［J］. 南京社会科学，2012（7）：150-156.

秦铁柱. 王符之农业思想初探［J］. 农业考古，2014（1）：112-116.

王星光，李鹏飞. 苏绰农业思想探析［J］. 农业考古，2020（6）：88-95.

阎瑞雪. 公平与均富：中华优秀传统文化中的贫富调节与分配正义［J］. 中共杭州市委党校学报，2024（1）：68-78.

张亚光. 中国古代经济周期理论及其政策启示［J］. 经济学动态，2011（8）：144-149.

岳宗福. 我国传统社会的农荒救济制度［J］. 安徽农业科学，2008（11）：4797-4798.

文姚丽. 古代典籍与仁人志士救荒思想研究述评［J］. 广西财经学院学报，2010，23（4）：83-91.

吕庙军. 中国古代政治文化符号［D］. 天津：南开大学，2010.

户力平. 明清浪费粮食要挨罚［J］. 党员文摘，2020（11）：2-3.

后记

在本书付梓之际，我既满心激动又思绪万千。回望从《解字说粮：汉字中的粮食文化》到《吟诗诵粮：古诗中的粮食文化》再到眼前这本《品文论粮：古文中的粮食文化》的创作历程，我恍若历经了三季农耕劳作的洗礼——春种汉字之籽，夏耕诗韵之田，秋获文心之实。

2019年9月出版的《解字说粮》，是我在粮食文化研究沃土里萌发的第一粒种子。该书从"粮之生""粮之精""粮之通""粮之礼"四个方面择取100个汉字，以解析汉字古今字形、字义为切入点，将文字学、书法艺术与粮食文化有机结合。2025年2月面世的《吟诗诵粮》，则是我感受千年粮韵的真情记录。该书甄选的60首古诗，按"重粮祈丰""事粮保生""惜粮悯农""寄粮题咏"四个主题编排，图文并茂解读相关内容，呈现出粮食文化的诗性表达和艺术意蕴。而这本《品文论粮》，可以说是对粮食文化有关政论与史述的集萃。本书通过梳理40则具有代表性的古文片段，分"民以食为天""尽地力之教""储积备乏绝""节用而爱人"四章展开，系统展现了粮食文化中民本、劝农、常平、救荒等内容。这三本书的切入点由小及大、各有侧重，按照"字—诗—文"的研究逻辑形成了"中华粮食文化教育读本"的前三书，这是我学习研究的初步探索与实践，更是对中华粮食文化的致敬之作。

"三书"的成形，离不开那些友善而有力的托举。家人与师友的支持是我前行路上的明灯，他们既在生活中为我默默分担奉献，又在我学习工作上坦诚建言，让我在"粒粒皆辛苦"的写作中感受到"春华秋实"的温暖。山东商务职业学院的领导与同事始终是我最坚实的后盾，他们不仅提供学术指导与支持，更以"育才兴粮"的使命和责任时刻激励着我、推动着我。中国轻工业出版社的贾磊编辑是三本书的推动者和见证人。从初次合作时的耐心指导，到后续出版过程中的精益求精，他的专业眼光与敬业精神，让每一部作品都能以更好的面貌呈现。感谢李福君、赵广美、王小可等粮食行业的领导一直以来对我的支持。还要感谢师高民教授等粮食文化领域的专家学者，他们的研究成果为我提供了思想基石与思路启发。最后要感谢无数整理古籍、传承经典的先贤与今人，让千年文脉得以延续。正因有贵人相助、高人指路，我才有机会体验到劳作与收获的充实，真是一大幸事！

站在建设农业强国、推进农业农村现代化的新征程上，粮食文化研究、宣传与教育是精神文明建设与粮食安全战略的重要组成部分。"三书"的出版，仅仅是起步而已，未来还有很多工作要做。对我而言，在经历过春种、夏耕、秋获之后，更重要的是"冬藏继学之志"。只有厚积蓄能，才能迎接新的开始，才会充满新的希望。未来，我们将继续保持粮人本色，持续开拓研究视角，不断完善研究体系，进一步挖掘粮俗典故、整理农事典籍、活化传统技艺、丰富成果形式，让粮食文化不仅停留在书本中，更能以创新创造的多样态、新姿态得以传播弘扬，广泛融入现代生活中，形成全社会爱粮、节粮、兴粮的文明风尚，共同孕育出中华民族粮食文明的丰收图景。

最后，正值山东商务职业学院建校50周年之际，谨以"三书"向学校献礼！

贺曰：

三书庆五秩，百谷满仓斗；
千秀绘四季，万才耀神州。

崔志远

图书在版编目（CIP）数据

品文论粮 ： 古文中的粮食文化 / 崔志远，刘辰雨，卢胜志著. -- 北京 ： 中国轻工业出版社，2025.10.
ISBN 978-7-5184-5716-8

Ⅰ．S37

中国国家版本馆CIP数据核字第2025LY5747号

责任编辑：贾　磊
文字编辑：范曼曼　　责任终审：劳国强　　　　设计制作：锋尚设计
策划编辑：贾　磊　　责任校对：朱　慧　朱燕春　责任监印：张京华

出版发行：中国轻工业出版社（北京鲁谷东街5号，邮编：100040）

印　　刷：艺堂印刷（天津）有限公司

经　　销：各地新华书店

版　　次：2025年10月第1版第1次印刷

开　　本：720×1000　1/16　印张：12.25

字　　数：180千字

书　　号：ISBN 978-7-5184-5716-8　定价：39.00元

邮购电话：010-85119873

发行电话：010-85119832　010-85119912

网　　址：http://www.chlip.com.cn

Email：club@chlip.com.cn

版权所有　侵权必究

如发现图书残缺请与我社邮购联系调换

241071K9X101ZBW